0~3岁婴幼儿
照护服务手册

陈国伶　主编

杭州出版社

图书在版编目（CIP）数据

0~3岁婴幼儿照护服务手册 / 陈国伶主编 . —— 杭州：
杭州出版社，2020.12（2023.6 重印）

ISBN 978-7-5565-1352-9

Ⅰ . ① 0… Ⅱ . ① 陈… Ⅲ . ① 婴幼儿—哺育—手册
Ⅳ . ① TS976.31-62

中国版本图书馆 CIP 数据核字（2020）第 171117 号

0~3 SUI YINGYOU'ER ZHAOHU FUWU SHOUCE

0~3 岁婴幼儿照护服务手册

陈国伶 主编

策划编辑	胡　清
责任编辑	胡　清
美术编辑	祁睿一
出版发行	杭州出版社（杭州市西湖文化广场 32 号 6 楼）
	电话：0571-87997719　邮编：310014
	网址：www.hzcbs.com
排　　版	杭州真凯文化艺术有限公司
印　　刷	永清县晔盛亚胶印有限公司
开　　本	710 mm×1000mm　1/16
字　　数	60 千
印　　张	7.25
版 印 次	2020 年 12 月第 1 版　2023 年 6 月第 3 次印刷
标准书号	ISBN 978-7-5565-1352-9
定　　价	39.80 元

编 委 会

主　　编：陈国伶

主　　审：杨　青

副 主 编：蒋天武　赵舒薇

编　　委：周智敏　毛炜倪　董梦婷　章玉丹　梅　燕

　　　　　戴　麟　曹君君

图　　片：庄楷淇　余　鹤　黄舒萍　张怡敏

参编单位：杭州市下城区卫生健康局

　　　　　杭州市下城区计划生育协会

　　　　　杭州市下城区天水武林街道社区卫生服务中心

前　言

　　婴幼儿时期是人一生中第一个快速生长的高峰期和关键期，也是人一生健康和能力的基础。3岁以下婴幼儿照护服务，是生命全周期健康服务管理的重要内容，事关婴幼儿健康成长，事关千家万户。2019年，杭州市下城区被确定为中国计生协全国唯一婴幼儿照护服务示范创建区，挂牌成立了浙江省第一个"婴幼儿照护服务发展中心"、设立了浙江省内第一家师训基地和家长培训基地、颁发了浙江省第一张托育机构民办非企业单位登记证、颁布了浙江省内第一套规范性文件、设立了浙江省第一批14个照护示范点、设立了浙江省第一个线上照护服务信息平台、成立了全国第一个婴幼儿照护服务行业社团组织、在全省率先设计了一套下城区婴幼儿照护服务标识和推出了一个婴幼儿照护服务网络直播间，大幅提升了辖区内托育机构和养育家庭的照护服务水平，相关工作也得到省市区领导批示肯定。

　　此次，杭州市下城区卫生健康局特别成立专项课题组，汇聚多名资深妇儿保医护人员、幼儿园和托育机构优秀师资，编写本手册，并多次请省市妇儿保专家指导，手册内容涵盖科学喂养、体格

发育、潜能发展、家庭成长、疾病防治等婴幼儿照护的重要内容，供辖区各类婴幼儿照护服务机构、婴幼儿养护人等使用。3岁以下婴幼儿基本教养理念如下：

1.关注个体，满足需求。尊重婴幼儿作为一个独立个体所应有的权利，重视婴幼儿的生理和情感需求。重视婴幼儿在发育与健康、感知与运动、认知与语言、情感与社会性等方面的个体发展差异，提倡更多地实施个别化的教育，使婴幼儿照护工作以自然的差异为基础。创设良好环境，满足婴幼儿成长的需求，尊重婴幼儿的意愿，使他们积极主动、健康愉快地发展。

2.科学养育，顺应规律。开展3岁以下婴幼儿照护工作时，应把婴幼儿的健康、安全及养育工作放在首位。坚持科学养育与智护教育紧密结合的原则，养中有教，教中重养；自然渗透，教养合一，促进婴幼儿生理与心理的和谐发展。尊重婴幼儿身心发展规律，顺应婴幼儿的天性。遵循各年龄段婴幼儿教养规律，通过适宜的环境和有趣的活动，使婴幼儿自然发展、健康成长。

3.开发潜能，多元发展。要充分认识到人生许多良好的品质和智慧的获得均在生命的早期，必须密切关注，把握机会。在婴幼儿照护过程中，要提供适宜刺激，诱发多种经验，充分利用日常生活与游戏中的学习情景，开启潜能，推进发展。婴幼儿的智力发展应该是多元的，包括语言、逻辑数理、空间、音乐、人际等多种智力因素，在照护的过程中，应当提供或创造一种丰富的、多方面的、适宜的环境，促使婴幼儿的发育以全面的方式成熟起来。

4.有效回应，培养习惯。重视婴幼儿在发育与健康、感知与运动、认知与语言、情感与社会性等发面的发展节律，敏感且有效回应，适时干预并积极支持。充分认识许多良好品质和习惯的获得均在生命的最初阶段，必须密切关注、把握并创造机会，提供各种适宜的环境资源、人力资源，利用日常生活与游戏活动中的学习情景，培养婴幼儿的良好习惯，开启他们的发展潜能。

目　录

第一章

0~1月龄
生长发育特点
及养护要点

0～1月龄

一、生长发育特点

（一）体格发育特点

刚出生	身高（cm）		体重（kg）		头围（cm）	
	范围	均值	范围	均值	范围	均值
男孩	46.9～54	50.4	2.58～4.18	3.32	32.1～36.8	34.5
女孩	46.4～53.2	49.7	2.54～4.1	3.21	31.6～36.4	34

满月时	身高（cm）		体重（kg）		头围（cm）	
	范围	均值	范围	均值	范围	均值
男孩	50.7～59	54.8	3.52～5.67	4.51	34.5～39.4	36.9
女孩	49.8～57.8	53.7	3.33～5.35	4.2	33.8～38.6	36.2

温馨提示：1月龄宝宝需预约医生进行健康体检。

（二）心理行为发育特点

1．感知与运动

原始反射未消失 新生儿特有的无条件反射，手脚会反复弯曲伸直，这是与脑部指令无关的自发性、无意识动作，称之为"原始反射"。等到出生后3～4个月，原始反射就会消失。

常见的原始反射有：①吸吮反射；②觅乳反射；③握持反射；④踏步反射；⑤拥抱反射等。

四肢活动频繁 刚出生的宝宝本身的活动力是非常强的，会很用力地踢脚和四肢活动。通过活动这个小生命越来越健康，肌肉更健壮，而且神经系统和免疫系统发育更健全。

颈部活动初体验 宝宝满月后，脑部掌管颈部活动的中枢开始发育，能够自主地左右转动脖子。会在俯卧时尝试抬头，同时宝宝会对声音有反应，并且头会转向声音发出的方向。

2．认知与语言

出生的听力 总体上宝宝的听力不如成人，但是对于超出人类语言范围的极高频和极低频的声音比成人敏感。所以宝宝对说话声很敏感，尤其对高音敏感；会被很响的声音惊吓到；喜欢复杂的声音，不喜欢纯音。

微弱的视力 　刚出生的宝宝可以看到父母模糊的影像；对光线很敏感，遇到强光刺激会闭眼睛。在1月龄视力开始发育，表现出明显的视觉偏好，喜欢色彩鲜艳的物体（譬如红球）。满月后眼睛开始能够追视活动的物体，但持续的时间很短。

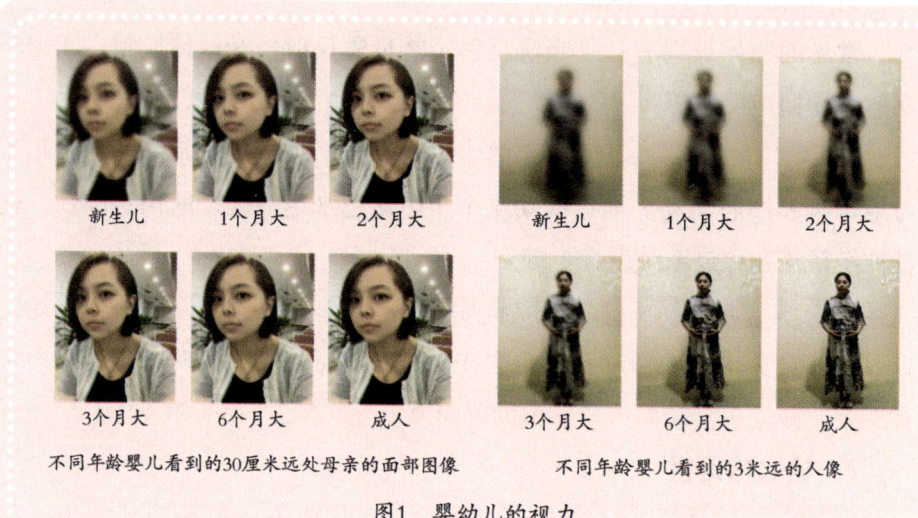

新生儿　　1个月大　　2个月大　　新生儿　　1个月大　　2个月大

3个月大　　6个月大　　成人　　3个月大　　6个月大　　成人

不同年龄婴儿看到的30厘米远处母亲的面部图像　　　不同年龄婴儿看到的3米远的人像

图1　婴幼儿的视力

萌芽的语言 　出生后的一年内都是言语发展的准备期或前语言期。新生儿期的宝宝只能通过不同的哭声表达不同的需求，爸爸妈妈可以透过哭声判断宝宝是尿布湿了还是其他问题。1月龄宝宝开始发出像在撒娇一样的"啊——"或"咕——"的声音，这是语言萌芽阶段的表现，父母要尝试多与宝宝说话。

3.情感与社会性

不同的微笑 　宝宝出生一两天后就有笑的反应，这种属于自发性微笑，跟心理上的愉悦与否没有关系。1月龄的宝宝出现无选择的社会性微笑，对人的声音和面孔有特别的反应。爸爸妈妈逗他（她）玩时，他（她）会跟你笑。

哭泣是沟通语言 　学会语言之前，哭是表达需要的唯一方式。宝宝啼哭主要表达五种需求：饥饿、瞌睡、身体不适、心理不适（愤怒、恐惧等）、感到无聊。父母可以多抱抱宝宝，试着了解哭泣的原因。

亲子依恋 从母体安全的环境来到一个寒冷嘈杂而陌生的环境，宝宝首先要与一个人建立一种亲密的联系，增进安全感。当依恋关系建立后，表现为哭吵时听到照护者的呼唤声能安静下来；对他（她）讲话或抱着时表现安静，抱着时会表现出独特的、有特征性的姿势（如紧紧地蜷曲像一只小猫）；被逗引时会动嘴巴、伸舌头、注视、微笑和摆动身体、四肢，或发出"咕咕"的声音。

（三）其他特点

生活无规律 新生儿时期无法区分昼夜，睡眠时间不固定，因此生活无规律，只是不断重复睡觉、喝奶、尿尿、大便四件事。要4～5月龄，才能逐渐区分昼夜，改善睡眠习惯。

二、养护要点

（一）如何抱宝宝

对于新手父母来说，学会正确抱宝宝是很重要的。抱宝宝有很多种正确的方式，只要抱的姿势正确，注意护着颈部和臀部，自己和宝宝都感到舒服就基本没有问题。

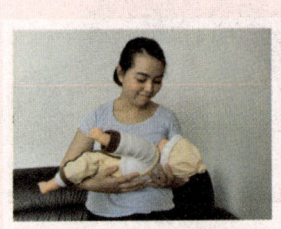

图2 手托法

手托法 用一只手托住宝宝的背、颈、头，另一只手托住他（她）的小屁股和腰。这一方法比较多用于把宝宝从床上抱起和放下。

注意：不宜长时间抱宝宝，这违背了宝宝生长发育的自然规律，容易影响睡眠、骨骼发育等。

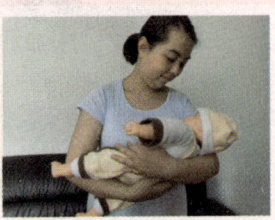

图3 腕抱法

腕抱法 将宝宝的头放在左臂弯里，肘部护着宝宝的头，左腕和左手护背和腰部，右小臂从宝宝身上伸过护着宝宝的腿部，右手托着宝宝的屁股和腰部。这一方法是比较常用的姿势。

（二）母乳喂养

母乳是宝宝最理想的营养来源，能够保证生长发育所需。不仅仅是维生素、蛋白质等营养成分，母乳还含有大量的免疫物质，保护宝宝免除疾病侵扰。同时，母乳喂养有助于促进母亲产后子宫收缩、恢复体重、降低癌症风险等等。

喂奶的姿势　　正确的喂奶姿势有助于宝宝更好地吸吮。哺乳的最佳姿势是母子都感到舒服和放松的姿势，可采用环抱、交叉、橄榄式、侧卧式等不同的喂奶姿势。

抱宝宝哺乳的四个要点

①宝宝的头和身体呈一条直线；②宝宝身体贴近母亲；③宝宝头和颈得到支撑；④宝宝贴近乳房，鼻子对着乳头。

摇篮式哺乳

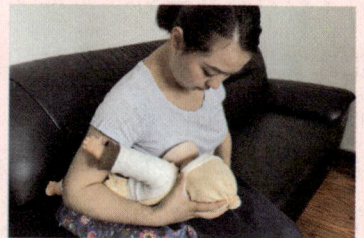
橄榄球式哺乳

交叉式哺乳

侧卧式哺乳

图4　喂奶姿势

如何托住母亲的乳房

喂奶时母亲的手贴在乳房下的胸壁处；食指托住乳房，拇指在上方；母亲的手指不要离乳头太近。

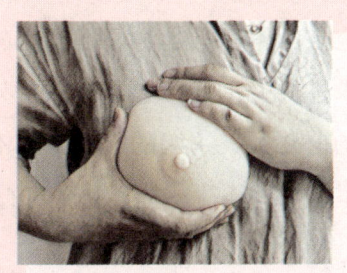

图5　C字托乳法

帮助宝宝含接乳头

用乳头轻触宝宝的嘴唇，直到宝宝张大嘴巴，很快地将乳头和大部分乳晕放到宝宝口中。含接良好的表现：宝宝嘴张得很大，下唇向外翻，宝宝下颌碰到乳房。喂奶前母亲应洗手，用手挤出几滴乳汁后再让宝宝吸吮。

宝宝想吃奶的表现

宝宝饿坏了，这时候表现出的喂养线索：①大声哭闹；②哭疲惫睡着了。

注意：在宝宝出现前期喂养线索时应及时给予哺乳；而当宝宝已经哭闹厉害时，需先行安抚，不然在大声哭闹时，舌头上抬，会影响宝宝含接乳房。爸爸妈妈要了解，出生宝宝需要的是按需母乳喂养，而不是按哭喂养。

图6　宝宝想吃奶的表现

刚出生宝宝要吃多少奶？

宝宝的胃容量是和妈妈乳房的产量相匹配的。在出生后的前几天，宝宝需求量很少，每次吃奶只需摄入几滴，甚至很少超过5ml，与此同时，在产后的前几天，妈妈的产奶量也不会很多，所以这也是为什么在产后的前两天里，妈妈往往感觉不到乳房有涨奶。

新生儿胃容量小球模型

 第1天
5~7ml
大弹珠

 第3天
22~27ml
弹力球

 第7天
44~59ml
乒乓球

 第10天
68~81ml
鸡蛋

1. 了解新生儿胃内容量，可以掌握每次喂奶量，也可了解是否吃饱，或者是被人为地吃撑。
2. 新生儿第1天的胃没有弹性，喂得太多就会溢出来。（溢奶）
3. 成人的胃内容量如同一颗垒球大小。

图7 新生儿胃内容量

关于生理性涨奶 在产后48~72小时左右，妈妈的身体相应了"开足马力生产"的指令，乳房开始大量泌乳，这时候乳房会有"涨满"

图8 生理性涨奶的处理

的感觉，这便是生理性涨奶。同时在第二晚不停地喂奶和吸吮，妈妈和宝宝更熟悉"喂"和"吸"这一母乳喂养的本能，在默契配合下，妈妈和宝宝就可以顺利度过生理性涨奶。如果妈妈碰到生理性涨奶，为了缓解不适，可以通过：①尽早母乳喂养，保证24小时内至少有8～12次喂奶，甚至更多；②积极哺乳，如果宝宝不在身边可以通过每隔2～3个小时使用手挤奶或吸奶器吸奶，来帮助乳房排出乳汁；③还可以冷敷（比乳房温度低即可，如常温土豆片、包心菜叶，或者用自来水打湿的干净的棉柔巾或卫生巾均可），注意不是冰敷。

注意：当乳房肿胀特别明显时，需要妈妈更积极地给宝宝哺喂，切记不可用力按揉，否则可能造成乳房的严重损伤。

采用以上方法，生理性涨奶通常会在48小时左右明显减轻或者消退。

乳房按摩　　正确的乳房按摩能促进催产素和催乳素的分泌，刺激喷乳反射，增加了乳汁的分泌。乳房按摩还有助于预防和治疗乳涨和乳腺炎，改善乳汁淤积，消除肿块。对于乳头扁平和凹陷的妈妈，乳房按摩可以帮助宝宝衔乳，减少乳头疼痛等问题的发生。用于手挤奶时也应配合乳房按摩。

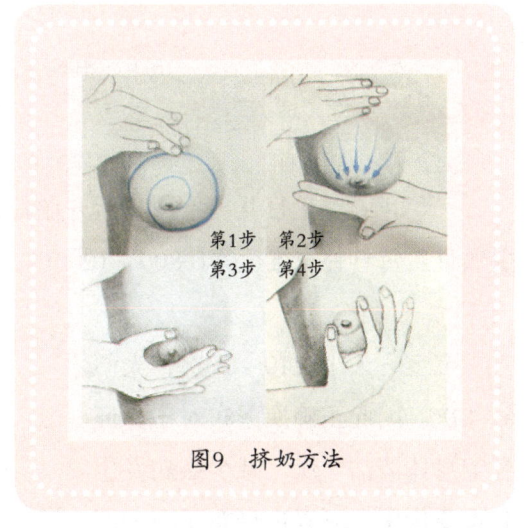

第1步　第2步
第3步　第4步

图9　挤奶方法

母乳充足的观察指标　　①小便：第一天至少一次，第二天两次，第三天三次……直至第六天后每天小便至少6～8次，且颜色淡黄无明显气味；②大便：第一天至少一次黑色大便（胎便），之后颜色逐渐变浅至金黄色。出生至第四天，大便至少3～4次以上，每次至少一个硬币样面积大小的量，且颜色偏黄糊状；③体重：足月新生儿在出生后数日内可能丢失多达10%的出生体重，一般在10～14天内恢复到出生体重，称之为生理性

体重下降。大便越早过度到黄色，生理性体重下降越少，体重增加越早。满月时，体重增加600g左右。

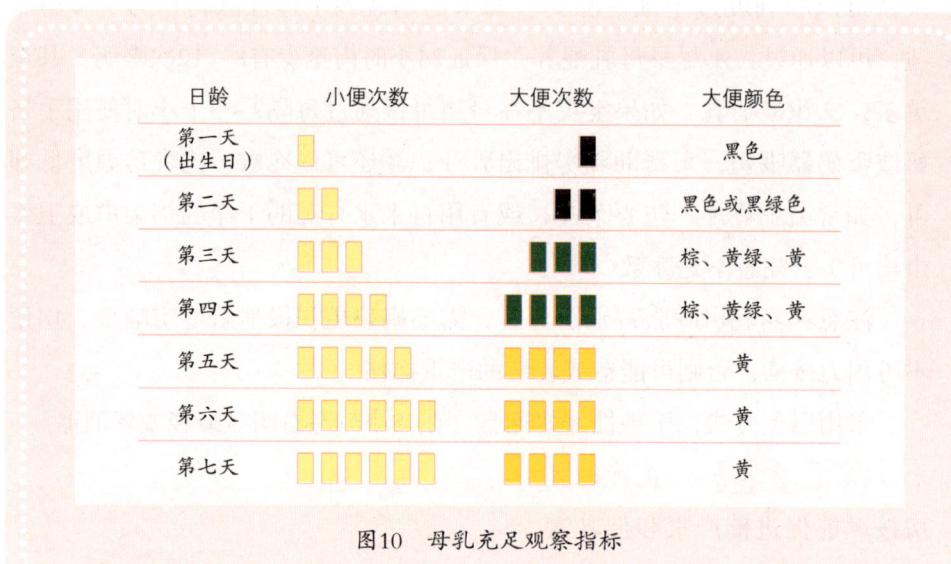

日龄	小便次数	大便次数	大便颜色
第一天（出生日）	▮	▮	黑色
第二天	▮▮	▮▮	黑色或黑绿色
第三天	▮▮▮	▮▮▮	棕、黄绿、黄
第四天	▮▮▮	▮▮▮▮	棕、黄绿、黄
第五天	▮▮▮▮	▮▮▮	黄
第六天	▮▮▮▮▮	▮▮▮	黄
第七天	▮▮▮▮▮	▮▮▮	黄

图10　母乳充足观察指标

其他　足月儿出生数日后开始每日补充维生素D 400IU；早产儿出生数日后每日补充维生素D 800~1000IU，3月龄改为400IU/日。

（三）换尿布

宝宝一天小便10~20次，大便6~8次。因此正确换尿布对于保证宝宝身体清洁干燥、减少疾病发生起重要作用。可以选择布尿布和纸尿布两种类型。布尿布可以反复清洗使用，虽然吸水力差，但是可以培养宝宝"不舒服"的感觉；纸尿布不仅方便，吸水性也好，适合外出或睡觉时使用。在换尿布同时观察宝宝大便颜色、性状，如有异常

不正常

正常

图11　婴儿大便卡

及时咨询医生。

（四）新生儿洗澡

新生儿的新陈代谢与皮脂分泌旺盛，为了预防感染，需要每天洗澡，保持皮肤清洁。避免在空腹、喂奶后洗澡，水温控制在夏季38℃～40℃，冬季40℃～42℃。满月前建议使用宝宝澡盆单独洗澡，满月后则可以与家长一起，促进亲子交流。

（五）安全防护

捂热综合征　又叫"蒙被综合征"，在未满月宝宝中尤为常见。宝宝体温调节中枢发育尚未健全，对外界气温适应性差。因此家长给宝宝穿得过多或用被子蒙住头部，就容易出现高热、缺氧，甚至发生抽搐、昏迷和多器官衰竭。预防捂热综合征谨记以下几条：①不要穿太多、盖太厚，不能捂住头脸；②不要和大人盖同一条被；③生病不要捂汗。

窒息　该时期宝宝窒息常见两种境况：喝奶和睡觉。妈妈不要在宝宝哭泣或欢笑时喂奶，保证喂奶姿势正确，适当控制喂奶速度，时刻注意宝宝情况，喂奶后及时拍嗝，可以有效避免呛奶性窒息的发生；宝宝床围栏间缝隙不能超过6cm，床垫应固定且不宜太过柔软，不要在床上摆放毯子、枕头、毛绒玩具等，尤其不要让宝宝和父母同床共枕，尽量不要趴着睡觉，如果白天趴着，则需要看护人在边上看着，不能离开。宝宝口鼻被遮，不容易自己把脸移开，且挣扎力量微弱，家长容易疏忽，所以预防是重点。万一发生窒息，则应立即实施人工呼吸和心肺复苏，并尽快送往医院。

（六）其他

环境营造　宝宝房间需保持空气清新、温度适宜、光线柔和、洁净温馨。宝宝睡觉有时会被声音或光线吓到而醒过来，所以在宝宝睡觉时，需保证环境安静，夜晚关灯睡觉。

留心观察　日常照护中要细心看护，经常对新生儿的皮肤、大小便、脐部、眼睛进行观察，及时发现可能的疾病征兆；了解必要的常识，对孩子在发育中表现出的特殊行为，保持警觉，及时咨询儿童保健专业人士。

三、亲子交流要点

皮肤接触 妈妈爸爸经常性的抚摸、亲昵的搂抱、温柔的注视、甜蜜的微笑，都能够带给宝宝真实感、安全感，有利于宝宝尽快与周围环境之间建立起积极、信任的关系。

其中还有一个概念"早期母婴皮肤接触"：在新生儿出生后，母亲和孩子进行裸体的胸腹接触。研究显示，这有利于维持新生儿体温，增加新生儿安全感，促进母乳喂养，促进产妇子宫恢复。

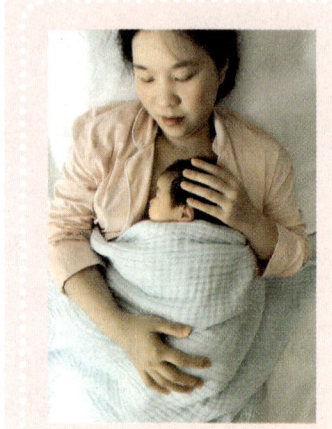

图12　母婴皮肤接触

充分活动 0～1月龄的宝宝视力急速发展，开始会盯着色彩鲜艳的东西看，会用眼神追着眼前活动的物体，家长可以使用会发出声音的吊铃、鲜艳颜色的玩具逗宝宝。提供适量的视听刺激，有助于感知觉和脑部发育。

满月后，可以让宝宝逐渐接触户外环境。在阳光和煦时开窗让宝宝呼吸外面的空气。习惯后试着每天带宝宝外出散步10分钟。因为户外的空气、风、阳光等能够刺激宝宝的五感发育。

柔和应答 满月后，宝宝的睡眠时间逐渐减少，偶尔会发出"咕咕"的声音，这时照护者与宝宝对视，回答"喔喔"或"嗯嗯"，能够鼓励宝宝更喜爱这种面对面的"语言交流"。

此外，这时的宝宝开始展现出个性，有些爱撒娇，有些不太理人。因此，以一贯温和、耐心、愉快的态度应答他（她）非常重要，能够对宝宝的行为方式产生积极的、潜移默化的影响。

第二章

2月龄
生长发育特点
及养护要点

2月龄

一、生长发育特点

（一）体格发育特点

2月龄	身高（cm）		体重（kg）		头围（cm）	
	范围	均值	范围	均值	范围	均值
男孩	54.3～63.3	58.7	4.47～7.14	5.68	36.4～41.5	38.9
女孩	53.2～61.8	57.4	4.15～6.6	5.21	35.6～40.5	38

（二）心理行为发育特点

1. 感知与运动

练习抬头　每天1～2次，让宝宝趴在床上，宝宝的头会慢慢向上抬起，下巴能离开床面，与床面约呈45°角，开始可以坚持几秒，坚持锻炼可以保持几十秒。

对手感兴趣　宝宝开始注意到自己的一双小手，会看来看去，很有趣很好奇的

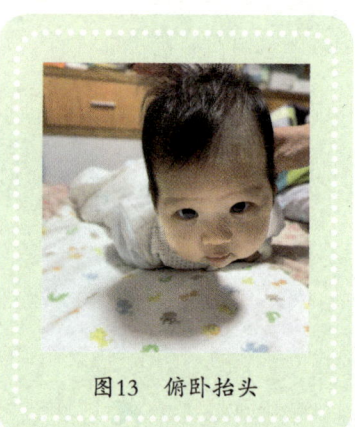

图13　俯卧抬头

样子。妈妈突然间发现，宝宝会吮吸手指了，有时候是一两根手指，有时候是试图把整个拳头放入嘴里。吮吸的时间也是越来越长，这意味着宝宝已经进入口欲期啦。宝宝通过吃手能获得一定的心理满足，这也是宝宝智力发展的一个信号，是宝宝进入手指功能分化和手眼协调准备阶段的标志之一。家长们不需要阻止宝宝吃手的行为，只需要注意保持宝宝的手卫生就可以了。值得注意的是，这个时候的宝宝双手

图14　吸手指

以握拳为主，原始反射还存在，触碰宝宝手掌时，宝宝会紧握拳头2~3秒。

目光专注　2个月的宝宝已经开始关注自己喜欢或感兴趣或熟悉的玩具了。宝宝仰卧在床上时，听见熟悉的玩具声音，会试图左右转头寻找声音来源。所以用宝宝熟悉的彩色玩具或带声音的玩具，从他（她）眼前一侧慢慢移动到另一侧时，用柔和的语气说着"宝宝看看小猪来了"等逗宝宝的话，他（她）会慢慢转动头部，注视玩具，也就是我们常说的追视。宝宝会对某张图或某个玩具表示偏爱，开心地注视着喜欢的挂图或玩具，眼睛滴滴溜溜地转。

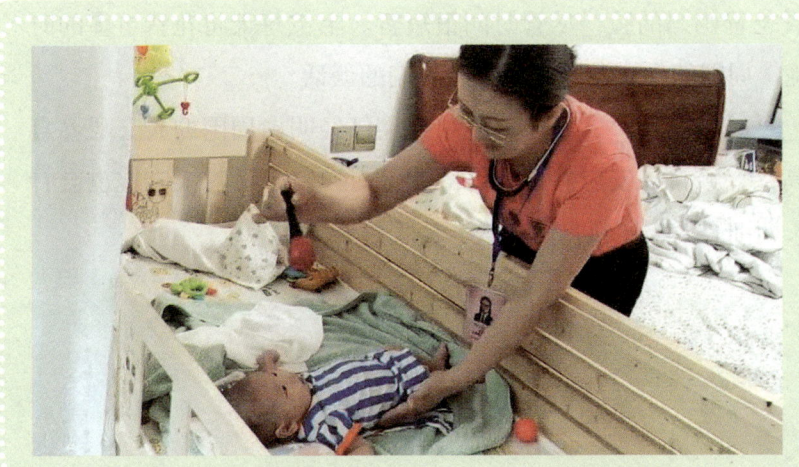

图15　追视

喜欢甜的感觉　宝宝的味觉开始发育啦，宝宝天生喜欢甜的味道。当把有甜味的液体放在嘴里时，宝宝会愉快地吮吸起来。但尝到咸、酸和苦的味道时，宝宝会出现撅嘴、皱鼻子或快速的呼吸等拒绝的反应。

2. 认知与语言

最初的声音　和宝宝玩耍或逗弄宝宝时，他（她）能发出"咯咯"的大笑声，笑完等着你继续逗弄，然后再次发出大笑声。这个时候的宝宝开始模仿大人发声，会发出"i""a"等声音。

会关注周围的事物　宝宝在喝奶时听到了熟悉的声音，会停下来仔细辨别。

喜欢听妈妈说话　宝宝对声音很感兴趣，开始学着分辨不同人的声音、不同物体发出的声音。宝宝一般最喜欢听妈妈说话，因为妈妈的声音让宝宝觉得温暖、舒适。宝宝还特别喜欢女高音与小孩子的声音。

3. 情感与社会性

开始表达情绪　宝宝被父母逗玩时，出现微笑、发声或手脚乱动等反应。用生气的语言和宝宝说话，宝宝会哭；语气非常轻柔、态度亲切，宝宝会露出欢乐的神情。喜欢听大人与自己对话。当看到周围的人笑时，宝宝会感到喜悦，自己也会笑。

悄悄关注周围的事物　宝宝仰卧时，在没有任何刺激下，有时能自发地选择看爸爸妈妈的脸，尽管时间很短暂。宝宝每天将花费更多的时间观察他（她）周围的人，并聆听他（她）们的谈话。

对喜欢的人或物开始差别对待　宝宝已经明白周围的人会喂养自己，使自己高兴，给自己安慰并让自己舒服。对照料自己的人宝宝也会有所偏爱。对长期细心温柔照料自己的人，会表示亲近。

二、养护要点

（一）饮食

坚持纯母乳喂养，按需喂养，每日8～12次。哺乳间隔很短，同时哺乳时间也变短了。妈妈的乳房出奶相对顺畅，宝宝容易吃饱，但是有时仍不能确定哺乳的时间。

按照医生建议补充维生素A、维生素D。

有很多宝宝偶尔会轻微吐奶。宝宝的胃与成人不同，呈水平位置，容量小且食物易返回贲门，因此会出现吐奶。减少每次的奶量，吃奶后用头高脚低的方式抱宝宝，有利于减少偶然发生的吐奶情况。吐奶时要防止误吸，一定要避免吐出来的奶从鼻子吸入肺部引起感染和窒息，头高脚低位抱宝宝也有利于避免误吸。

（二）作息

平均每天15～16小时的睡眠时间，大部分的睡眠时间会在晚上，白天的睡眠时间会短一些，一般3～4个小时。

白天的时候尽量保持居室明亮，把窗帘拉开，让阳光透入屋内，好让宝宝领略一下白天的感觉。

室温适宜，对于宝宝能否安静入眠十分重要。如果身体没有出汗且温暖不冷就是室内温度合适。

（三）行为

2个月大的宝宝如果经常大哭大闹，这意味着他（她）不开心了，他（她）的需求没有得到满足。妈妈们应该多观察一下宝宝的情绪，让宝宝的合理需求得到满足，他（她）就会有满满的安全感。这对于宝宝将来良好性格的养成起到正面作用。宝宝的身体在出现异常之后也会大声哭泣。

男宝宝和女宝宝在清洗的时候，方式和方法也不一样。女宝宝在洗屁屁的时候一定要充分清洗，要从前往后的顺序。因为女性的生理结构是尿

道口、阴道口、肛门同时处于一个相对开放的环境当中，因此交叉感染的几率比较大，故而在清洗女宝宝会阴部的时候，要从前往后，以免大便污染会阴。洗涤剂不应该有太大的刺激性，建议选择PH值中性，并且不会破坏皮肤的天然酸性保护层的宝宝专用沐浴露。

宝宝在两个月大的时候，腿部力量已经非常有力了，这个时候就很容易踢被子，家长要及时给宝宝重新盖上。

要多晒太阳，家长可以在天气晴朗的时候带宝宝去晒太阳，一般是早上九点到十点，或下午的四到五点。注意时间不能太长，要从几分钟逐渐增加到一两个小时。晒太阳时请特别注意保护宝宝的眼睛，绝对避免直视阳光。

春季和冬季生病感冒的人很多，不要到人多的地方去，以免感染。

（四）安全防护

安全环境构建 特别注意宝宝所处环境的安全性，2个多月的宝宝大部分时间都在卧床状态。不要觉得宝宝还不能动，这种认知可能招致意外的发生。最重要的是从宝宝的视角检查有无潜在的危险。比如小床栅栏之间的距离不可超过6cm，以防止宝宝的头从中间伸出来；小床边不要挂衣服、小被子等，以防滑落覆盖宝宝面部引起窒息等。

注意滑落意外 防止宝宝从父母手上滑落摔伤。在洗澡时抱着宝宝或上下楼梯时看不到脚下，容易失足摔倒，而导致宝宝摔伤；尽量不要带宝宝进入厨房防止发生烫伤。

三、亲子交流要点

大运动练习 为了锻炼宝宝的颈部力量，在喂奶后1小时宝宝清醒状态下，让他（她）多练习俯卧、抬头，每天1~3次，每次大约10~15分钟。

抚触按摩 抚触可以促进宝宝肢体运动能力的发展。爸爸妈妈们应经常抚摸宝宝的脸、四肢、后背等，给予宝宝充分的皮肤接触机会。或者学习抚触操或被动操，在每日洗澡后，花15分钟左右进行抚触。要特别注意，在抚触背部等暴露面积比较大的部位时，请保证周围环境的温度，防止宝宝受凉。

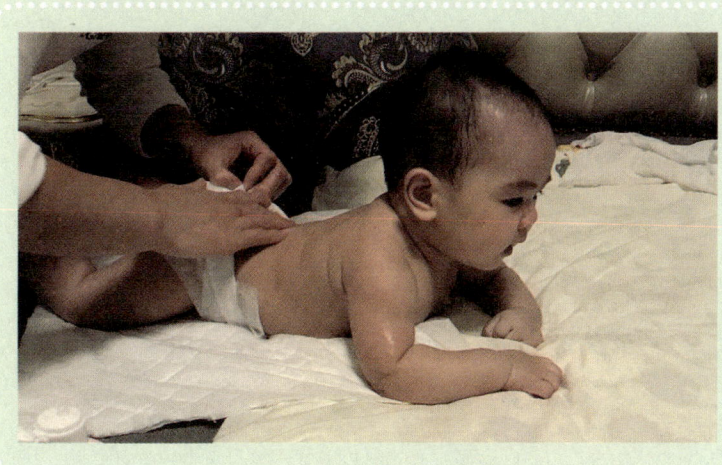

图16　抚触按摩

精细运动，舞动小手 让宝宝握持带铃铛的圆环、棉布做的小玩具，把着宝宝的手学习触摸、够取、击打铃铛、气球等。也可以和着欢乐的童歌舞动宝宝的小手，或左右上下摇摆，或拍拍手等。

第三章

3月龄
生长发育特点
及养护要点

3月龄

一、生长发育特点

（一）体格发育特点

3月龄	身高（cm）		体重（kg）		头围（cm）	
	范围	均值	范围	均值	范围	均值
男孩	57.5～66.6	62	5.29～8.4	6.7	37.9～43.2	40.5
女孩	56.3～65.1	60.6	4.9～7.73	6.13	37.1～42.1	39.5

温馨提示：3月龄宝宝需预约医生进行健康体检。

（二）心理行为发育特点

1. 感知与运动

头部运动自如 宝宝在俯卧时，可以抬头45°，并向四周张望。直立位头较稳，能较自如地转动。托起来坐时，头能和身体同时起来。宝宝会随看到的物品或听到的声音转动头部，幅度逐渐增大。

生理反射开始消失 宝宝会经常注

图17 竖抱

视自己的小手；张开双手，可碰到一起，不再握拳。宝宝能两只手抱在胸前，握住带手柄的玩具或物体片刻。会用手触摸、拍打玩具，想伸手抓东西，经常用力踢床的栏杆。

2．认知与语言

开始咿呀学语变得多话　　宝宝能大声喊叫大声笑啦，经常会自言自语，会发出"yi""a"等声音，声调也会有变化，像在唱歌一样。喜欢听自己的声音，喜欢与父母"谈话"。熟悉的家人逗引时，宝宝会发出短暂的笑声。

表达不同的情绪　　宝宝见到令自己高兴的物体时，会出现呼吸加深、全身用力等兴奋的表情。人工喂养的宝宝已经开始认识奶瓶了，他（她）看到妈妈拿着奶瓶，就知道到了自己吃奶的时候了，此时宝宝会表现得非常安静，并等待着。

对声音更敏感　　宝宝能区别笛声或铃声等不同的声音，开始将声音和形象联系起来并试图找出声音的来源；能辨别不同人的说话声音。

3．情感与社会性

有喜欢的颜色　　3个月的宝宝已经能分辨一些颜色了，一般来说最喜欢黄色和红色，视线停留在这两种颜色的玩具上的时间会长一点。玩具或图片颜色鲜艳的、构图复杂的，更能吸引宝宝的注意力。

表情丰富会看脸色　　宝宝经常微笑，被逗引能发出大笑声，出现动嘴巴、伸舌头、微笑和挥手蹬腿等情绪反应。看见主要看护者的脸会笑。宝宝开始注意看护者的面部表情，当看护者面露愠色时，宝宝会显得不安。能辨别不同人说话的声音及同一人带有不同情感的语调。

超级模仿秀　　宝宝的学习能力可强了，开始模仿家人的面部表情，会模仿家人说话而发出"yiyiyi""yayaya"的声音。

渴望陪伴　　除尿湿、饥饿、不适等原因导致的哭闹外，出现渴望陪伴、关注性的啼哭。能忍受喂奶的短暂停顿，哭的时间减少，哭声分化，开始用哭声表示不同需求。

天生的交际家　　3个月的宝宝听力更为灵敏，对周围的人表现得很

警觉。宝宝会悄悄去观察周围的人，会表现出自己的喜好：有的喜欢有的怕，有的没兴趣等。特别有趣的是，宝宝一般很愿意对其他小朋友——不管是和自己一样大的小宝宝，还是比他大好几岁的哥哥姐姐，都做出友好的反应，会目不转睛地探究，或做出微笑的表情。

二、养护要点

（一）饮食

坚持纯母乳喂养，宝宝3月龄内按需哺乳。满3月龄后逐渐定时喂养，每3～4小时一次，母乳喂养每日6次以上，可逐渐减少夜间哺乳，帮助宝宝形成夜间连续睡眠能力。3个月的体检一定要按时去，医生会监测宝宝的体重、身高增长等情况，可以判断母乳是否充足，喂养是否合理。

如需添加特殊补充剂，请在医生指导下进行。

有很多宝宝仍然会偶尔轻微吐奶。可以减少每次的奶量，吃奶后用头高脚低的方式或竖抱宝宝。

（二）作息

保证宝宝每天15～16小时的睡眠时间。开始出现昼夜区别，生活开始有节奏。晚上的睡眠时间变长，有的宝宝能夜里睡整觉。宝宝白天玩耍的时间也越来越长。

还有一个特别的情况经常出现，部分宝宝到了傍晚就开始哭，这个被称为"黄昏哭"，目前科学研究没有明确的原因，认为这是宝宝一个正常成长的过程，这种时候尽量多抱抱宝宝，多和宝宝皮肤接触。

（三）行为

经常洗澡，洗澡时让宝宝在浴缸中充分舒展身体，同时注意安全。勤换尿布，保持臀部皮肤干爽，预防尿布疹。勤换衣服，衣着要宽松、适量，避免捂盖过厚。

日光及新鲜的空气能增强宝宝体质，提高其机体免疫力。要适当带宝宝到户外活动，并根据季节和天气适当调节户外活动时间。在外面玩耍的时间，由10～15分钟慢慢增加到30～60分钟。户外活动时，要注意保护宝宝头部和眼睛，避免阳光直射。

按照季节穿衣，春夏季穿吸湿性好的衣服，因为阳光强烈还要防紫外线；秋冬要注意保护膝盖、手、脚和头部，帽子、手套和袜子都要选保温性好的。

（四）安全防护

给宝宝洗澡时，一定要确保宝宝时时刻刻在视野范围内，如果要离开拿东西，也一定要用浴巾把宝宝裹好并抱在怀中再去拿。

防止高处坠落。如果家里有给宝宝换尿布穿衣的操作台，一定要注意安全，切不可让宝宝躺在操作台上睡觉。预防宝宝从床上掉下来。

不要让宝宝蒙头睡。无论宝宝独自睡觉或和母亲同睡，不要用衣、被将其头蒙住。因为宝宝的手臂力量弱，很难掀起较重的衣、被，容易发生窒息。

三、亲子交流要点

笑、说话和音乐　　引逗宝宝笑，多和宝宝说话，将说话和日常活动结合起来。模仿宝宝发出的任何声音，以鼓励宝宝发音。每天给宝宝听一些欢快、舒缓的音乐，宝宝准备睡觉时妈妈可以唱一些优美的摇篮曲。

玩照镜子游戏　　让宝宝看镜子中的自己，以便学习逐步认识自己。

抚触按摩　　3个月的宝宝更需要亲人的爱抚，更依赖爸爸妈妈。继续每日的抚触或被动操，如果宝宝已经习惯了每日按时洗澡后的抚触互动，会特别期待的。在抚触的同时，一定要多和宝宝说话，或给宝宝唱歌，多和宝宝眼神交流。

第四章

4月龄
生长发育特点
及养护要点

4月龄

一、生长发育特点

（一）体格发育特点

4月龄	身高（cm）		体重（kg）		头围（cm）	
	范围	均值	范围	均值	范围	均值
男孩	60.1~69.3	64.6	5.91~9.32	7.45	39.2~44.5	41.7
女孩	58.8~67.7	63.1	5.48~8.59	6.83	38.3~43.3	40.7

（二）心理行为发育特点

1. 感知与运动

目光专注 宝宝能固定视物，此时能看距离约75cm远的物体。头眼协调性好，宝宝的目光能随移动的物体转动180°左右，并做环形跟随。

手眼动作逐渐协调 宝宝会吮吸和啃咬拳头，能拿起面前的玩具并能玩弄较长的时

图18 抱奶瓶吸奶

间，能把玩具放入自己的口中，喂奶时会双手抱住奶瓶，两只手可以主动凑到一起。

大运动发育逐步提高

宝宝俯卧时，头和胸能抬离床面，两眼朝前看，此时面部与床面可呈90°；会翻身，从仰卧位翻至侧卧位，双脚可以有意识地蹬踢。俯卧位时，将宝宝的腹部托起悬空，头、腿和躯干能保持在一条直线上。

图19　头胸抬离

2．认知与语言

能找寻物品　宝宝会用很长的时间来审视物体和图形。会用目光去找寻物品，如手中玩具掉了，会用目光去找寻。

对声音的反应更积极　宝宝喜欢听音乐、儿歌，听到悦耳的声音时会微笑，对妈妈的声音有明显反应。

咿呀作语　宝宝此时可发出无音节、无意义的声音。高兴时，会大笑，安静时，会自言自语。

3．情感与社会性

开始认生　宝宝已经能辨别陌生人，见到陌生人盯看、躲避、哭等，会害羞地转开脸和身体。对熟悉的人有偏爱。

会表达情绪　宝宝高兴时或有人逗时喜欢大声笑，会用哭声、面部表情和姿势动作与人沟通，宝宝的情绪会随养育者情绪的变化而变化。

寻物玩耍　宝宝会主动够取、拍打眼前的玩具，会对着镜子微笑。

二、养护要点

（一）饮食

坚持纯母乳喂养 母乳不足时可添加配方奶喂哺，逐渐形成定时喂哺的规律。

根据发育情况适时添加辅食 建议添加的辅食种类：含铁米糊，菜泥、果泥，动物类食物。

（二）作息

保证宝宝每天睡眠14～15小时，养成自然入睡、有规律睡眠的习惯。逐渐减少夜间喂哺次数。

（三）行为

在盥洗中，帮助宝宝使其乐意接受穿脱衣服、洗脸、洗屁股、洗澡等日常护理活动。

经常利用玩具使宝宝练习翻身、俯卧抬胸、拉坐等大运动。练习宝宝主动伸手取物、双手扶奶瓶等精细动作。

帮助宝宝学习辨别亲近的人的声音，呼其名字时会转向发声的方向，训练其用咿呀声与人交流。经常用优美的音乐、鲜艳的图画刺激宝宝，引导其辨识身边的人、事、物。

经常利用有趣的玩具或游戏逗引宝宝，激发其愉悦情绪，使其在活动中获得快乐。

三、常见问题

安抚奶嘴 可适当使用安抚奶嘴，但需避免奶嘴使用和入睡行为之间建立不良条件反射。夜间醒来后依赖奶嘴重新入睡，会影响宝宝良好睡眠习惯的养成，导致频繁夜醒。不建议在安抚奶嘴上涂抹糖浆或蜂蜜等以安抚。

边吃边睡 大多数宝宝在这个月龄已经建立较为固定的昼夜规律。喂哺应避免边吃边睡，可以适当提前喂奶时间，在宝宝较为清醒状态下喂奶，待吃奶结束宝宝出现思睡信号但尚未睡着情况下，将其放在床上培养其独立入睡习惯。

四、亲子交流要点

视觉训练 如躲猫猫，妈妈把干净的手绢轻轻蒙在脸上和宝宝一起躲猫猫，并轻喊宝宝的名字，游戏中要和宝宝进行眼神交流，引导其主动发掘身边的事物。

听觉训练 如叫名字，可在身边呼唤宝宝的名字，也可在他（她）看不到的地方发出声音，以此训练宝宝的听力。

触觉训练 把羽毛、海绵、锡纸、羊毛织物、乒乓球等放在宝宝面前的桌子上，让宝宝自由地抓拿、拍打。当宝宝触摸一样物品时，妈妈告知"滑溜溜的""毛糙糙的"，训练宝宝感触觉。

运动训练 如翻身训练，宝宝仰躺在床上，妈妈在宝宝侧面，用双手轻轻地推滚他（她）的身体，帮助宝宝提早学会翻身。

第五章

5月龄

生长发育特点
及养护要点

5月龄

一、生长发育特点

（一）体格发育特点

5月龄	身高（cm）		体重（kg）		头围（cm）	
	范围	均值	范围	均值	范围	均值
男孩	62.1~71.5	66.7	6.36~9.99	8	40.2~45.5	42.7
女孩	60.8~69.8	65.2	5.92~9.23	7.36	39.2~44.3	41.6

（二）心理行为发育特点

1．感知与运动

能翻身，尝试坐 宝宝躺在床上时，会举起伸直的双腿，看着脚；能从躺着翻滚成趴着，并把双手从胸下抽出来。宝宝趴着时，手臂能向前伸直，双手一撑，胸部就能抬起离开床面。给宝宝训练拉坐时，宝宝的头和身体能成一条直线同步拉起；坐起后，脖子就能转动。宝宝坐在床上时，能用手支撑在床面上独坐5秒以上。

眼睛开始聚焦，手眼协调 眼睛开始聚焦，在眼前晃动玩具，宝宝会反射性地眨眼睛（瞬目反射）。眼睛能随着活动的玩具移动，看见东西就想去抓，眼手动作比较协调。会拿着玩具到眼前晃或者放进嘴里，但是还不会捏。

对声音产生兴趣，视听同步 对各种各样的声音产生兴趣，视觉与听觉已建立联系，听到声音会用眼睛去寻找声源。

2. 认知与语言

开始发声 开始根据自己的想法去模仿爸爸妈妈的声音，发出一些连续音节，有些类似于词的发音，如"ba～ba～ba"与"爸爸"这个词的词音相似。

会认人 开始区分人脸，可以区分家人和陌生人。对不同的人会有不同的反应，把妈妈当成特别的存在。

认识到距离 宝宝两只眼睛看到的东西在大脑中合二为一，对事物的纵深和距离有了立体的认识。可以注意到远距离的物体，如街上的车和行人等。宝宝特别喜欢外出，因为世界在他的眼中越来越精彩。宝宝通过对外界的探索——远近高低、丰富色彩、各种人物声音等，促进大脑发育，所以一定要多带宝宝外出。

3. 情感与社会性

学会表达，想吸引人注意 能够根据自己的需要是否得到满足而表现出喜、怒、哀、乐等各种情绪。会不断发出咿呀的声音，看爸妈的反应，以吸引他们的注意力。每当他的发音逗得爸爸妈妈大笑时，他就会大声尖叫，好像在说："我成功了！"

想展示他的能力 5个月的宝宝会独立做很多事情了：他常常会用一只手去拿玩具，虽然能抓住，但定位还不够精准，所以一个简单的动作需要重复好几次。洗澡时还喜欢玩水。他还会故意把手中的玩具扔到床上或地上，然后捡起来再扔出去，类似的动作可以不断地重复，乐此不疲。遇到这种情况时，一定不要训斥宝宝，因为这是宝宝在向所有人展示他的能力，通过自己的方式探索这个世界。

二、养护要点

（一）饮食

坚持纯母乳喂养　母乳不足时可添加配方奶喂哺，形成定时喂哺的规律。

看到宝宝发出辅食添加信号时，即可开始添加辅食　将一次哺乳改为辅食，辅食量随意。夜间喝奶次数逐渐减少，若夜间仍然出现宝宝哭醒要喝奶，就应该调整白天的生活规律，增加运动量。

添加辅食的方法　辅食一般开始于5～6月龄，辅食添加信号出现后，先1天1次，给予糊状食物。

辅食添加的信号　宝宝流大量口水；看到大人吃饭时表现出兴趣，把勺子放在宝宝嘴边，出现张开嘴巴并且有吸吮动作；有支撑时可以坐着等等。

这个时间段最主要的是让宝宝习惯辅食。营养大部分仍然从奶中摄取，所以不需要考虑营养平衡和量。菜单从一个菜开始，同样的菜连续2～3天让宝宝熟练，逐渐增加辅食量。建议添加辅食的种类：米糊、菜泥、果泥，肉泥、肝泥、鱼虾泥、蛋类。

水果与果汁
果汁不仅缺乏水果中富含的纤维素，同时过多的果汁增加宝宝消化道负担影响乳类摄入，因此不建议喝果汁。

图20　辅食

(二) 作息

每天有规律的生活 早睡早起，午睡、户外活动、添加辅食的时间固定。另外，为了保证夜间的睡眠质量，要多玩俯卧和翻身等游戏，白天要有足够的运动量。

(三) 行为

怕生是心理成长的一个过程 宝宝对周围世界的兴趣越来越大。另一方面，有的宝宝开始认生了，从这个时段开始到一岁期间，大多数宝宝都会认生，被陌生人抱着，就算不哭，也会有不情愿的表情并试着逃开。过了一岁就渐渐的不再认生了。

(四) 安全防护

防止掉落的事故 宝宝训练翻身的地方应安装防护栏，防止宝宝发生坠落事故。宝宝的力量和活动能力都在增强，抱着宝宝在湿漉的卫生间、上下楼梯时，都要特别小心，防止掉落。

防止误饮的事故 随着活动能力的增强，宝宝的好奇心也越来越大，避免将其他液体放在宝宝的活动范围内，防止宝宝误饮。

避免去人群聚集地 母体里带来的免疫力快失效了，所以很容易得病，为了预防感冒，避免去人群聚集地。

三、亲子交流要点

用玩具辅助练习翻身　　将玩具放在宝宝不伸手就够不到的地方引诱他翻身，必要的时候可给予帮助。当宝宝通过努力翻身，得到玩具后会非常开心，可以培养宝宝的翻身积极性，过程中要多多的表扬和鼓励。

让宝宝多碰触世界　　外出散步的时候，时不时地把宝宝抱出婴儿车，让宝宝去抱抱摸摸各种各样的东西。一起摸摸粗糙的树干，摸摸花朵，拉拉树叶，从滑滑梯的中间小滑一段等等。

注意力训练　　拿拨浪鼓在宝宝面前晃动，吸引到宝宝的注意力后，松开拨浪鼓，让它掉下去，吸引宝宝的眼睛随着拨浪鼓移动；妈妈还可以和宝宝玩相互传递玩具的游戏，在传递过程中故意将玩具掉落在地，鼓励宝宝去寻找。

感知物体，体验功能　　妈妈可以带着宝宝认知家里的事物，一边指着桌子、门、窗户等物体，一边告诉他怎么称呼，不断重复，强化宝宝的记忆；妈妈还可以指着家里的灯告诉宝宝"这是电灯"，并握着宝宝的手，让他用手指去按墙上的开关，同时告诉宝宝："灯亮了，灯灭了。灯又亮了，灯又灭了。"让宝宝感受到灯的一明一灭，感知变化。

第六章

6月龄
生长发育特点
及养护要点

6月龄

一、生长发育特点

（一）体格发育特点

6月龄	身高（cm）		体重（kg）		头围（cm）	
	范围	均值	范围	均值	范围	均值
男孩	63.7～73.3	68.4	6.7～10.5	8.41	41～46.3	43.6
女孩	62.3～71.5	66.8	6.26～9.73	7.77	40～45.1	42.4

温馨提示：6月龄宝宝需预约医生进行健康体检。

（二）心理行为发育特点

1. 感知与运动

翻身很熟练，坐立不倾倒 宝宝趴着
时，家人用玩具逗引，宝宝能熟练地从趴着翻到躺
着。给宝宝拉坐时，宝宝能腰背挺直，并主动抬
起头来，能自由活动身体。宝宝坐着时，身体能
直立，不倾倒。让宝宝坐在地上，宝宝能用两手
支撑在地上，躯干能伸直并与平面保持45°以上。

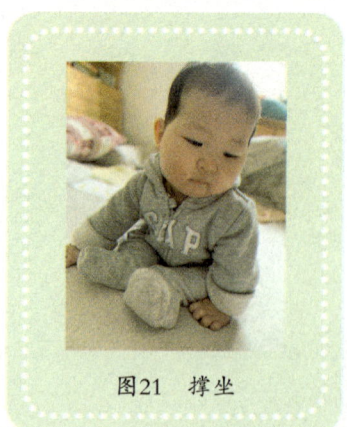

图21　撑坐

会撕纸，会换手　　宝宝能双手抓住纸的两边，把纸撕开。能把盖在脸上的手帕拉开。能把玩具从一个只手传递到另一只手。能自己扶奶瓶吮吸，吮吸和啃咬拳头，喜欢把东西往嘴里塞，咬放在嘴里的东西。

头眼协调性好　　目光能随移动的物体转动180°左右，并做环形跟随。可长时间注视物体和图形。

2．认知与语言

发音　　宝宝不开心的时候会发出喊叫声，但不是哭。宝宝哭的时候能发出"妈（mum）~妈"的双唇音。

能寻找声源和光源　　当宝宝听到有人在背后叫他的名字时，会转头寻找。当妈妈抱着宝宝问："灯在哪里？"宝宝能看灯或指灯。

学会区分不同的人　　看见熟悉的人与陌生的人有不同的反应，能区分男女的不同嗓音。喜欢听音乐、儿歌，听到悦耳的声音时会微笑。对母亲的声音有明显反应。

3．情感与社会性

开始"认生"了　　宝宝刚出生时总认为妈妈是自己的一部分，可是到了6个月以后，才逐渐认识到妈妈和自己是不同的个体，并意识到妈妈有可能和自己分开，所以这个时期的宝宝就会出现"好哭"的现象。宝宝的认生期随着他的成长而自然产生，所以宝宝在6个月时发生"认生"的现象并不奇怪。

可以找到纸后的你　　父母用纸挡住脸，叫宝宝的名字吸引他的注意，再将纸拿开，宝宝看见父母的脸后，会发出高兴的笑声。重复几次后，宝宝就会主动转向声音传来的方向并发出笑声。

追逐玩具　　当宝宝看到悬挂着的玩具时，能用两只手去抓握玩具。看到桌面上的玩具后也会用双手去抓握。如果把宝宝手中的玩具拿下来放在宝宝看得见的地方，宝宝会追着去拿玩具。当玩具从桌面一边移到另一边，然后从桌边滚下去时，宝宝会转头寻找，并会低头在桌子底下寻找。

到镜子里找"朋友"　　妈妈可以抱着宝宝照镜子，让宝宝与镜子

中的自己碰碰头、拍拍手，告诉宝宝镜子里的"小伙伴"就是宝宝自己，向镜子里呼唤宝宝的名字。宝宝会觉得很好玩，慢慢地他就会主动与镜中的"小伙伴"交流。

4．其他特点及六个月宝宝出牙期常见问题

乳牙迟出　一般宝宝在出生后4～10个月开始萌出乳牙，到2岁半时，20颗乳牙全部长齐。出牙过早或者过晚都不好，超过1岁，还没有长出第一颗乳牙，就需要带宝宝去医院检查，常见的佝偻病、呆小病、极度营养缺乏等都会影响宝宝的出牙情况。

口水增多　出牙时的宝宝有个比较明显的特征，就是口水比较多，主要是因为他们的神经系统发育和吞咽反射差，控制唾液在口腔内流量功能弱造成的。通常随年龄增大和牙齿萌出，流口水现象将逐渐消失。

萌牙血肿　牙龈上出现大小不等的肿包，大小不等，肿包的表面呈现出蓝紫色，肿块一般出现在即将出牙的地方。

发热、腹泻　有些宝宝在长牙时还会有发热、腹泻的症状，大多数宝宝症状不会太严重，一般精神都比较好，食欲旺盛。

烦躁　出牙时的不舒服会让宝宝表现得烦躁不安，他们看起来比平时更爱哭，情绪不好。不过如果看到什么有趣的事情，通常宝宝会安静下来。

二、养护要点

(一) 饮食

根据世界卫生组织建议，吃纯母乳或配方奶的宝宝6个月添加辅食。美国、澳洲儿科学会和中国营养学会最新建议也是6个月左右，最晚不要超过8个月。当然，每个宝宝发育有差异，出现以下表现就可以尝试添加辅食了：

*对大人吃饭表现出莫大兴趣。

*母乳喂养每天8~10次，人工喂养每天超过1000毫升仍然会因为饿而哭闹（证明宝宝肠道消化功能发育得好，只喝奶不够饱）。

*体重是出生时的2倍，低体重儿达到6公斤，给足奶量体重仍不长。

*频繁出现咬奶头或奶嘴现象。

*宝宝想拿食物往嘴里塞。

*流口水变多了，给宝宝用勺子喂奶或水，会吞咽，而不是用小舌头把勺子顶出来。

添加辅食的顺序和原则

美国儿科学会最新建议，只要最初添加的辅食中包括有高铁食物即可，既没有必要按照特定顺序添加，也没有必要限制添加的食物种类。

虽然不必按照特定的顺序添加，但是最初选择的食物，一般是从不容易过敏、容易消化的开始添加。添加辅食还是要遵循这样的原则：由少到多，由细到粗，由稀到稠，由单一到混合。

每天两顿辅食

辅食添加一个月后，把两次哺乳替换成添加辅食，两次辅食间隔3~4个小时。考虑到洗澡和睡觉时间，第二次不要超过19点。最好有固定的辅食时间。

(二) 作息

面对宝宝夜哭

宝宝夜哭的时候，可以用各种方法去哄，比如拍

背、拥抱、喂奶、喂水、开窗通风等等。还要保持早睡早起的生活习惯；白天多户外活动；睡觉前不宜过于兴奋。上述方法都不奏效时，只有全家人一起合作，排班看护宝宝。

（三）行为

领会宝宝表达的意思　6个月后，宝宝就会有理由有目的地哭泣，问题解决了就停止哭泣。另外，会用手指出想要的东西，所以很容易知道宝宝想要做什么。想要与宝宝产生"共鸣"，平时就要多注意宝宝的动作和表情。

开始做口腔护理　宝宝开始长牙了，牙齿生长顺序有个体差异，最常见的是两颗下门牙先长出来。现阶段，比起培养刷牙的习惯，更重要的是要让宝宝先习惯做口腔护理。如果宝宝感觉口腔护理很舒服，以后就不会对刷牙产生反感情绪。在牙齿萌出之前，不用担心蛀牙，但也要为牙齿养护做好准备，在牙床的周围和口腔里一点点地抚摸，要避免引起宝宝的反感情绪。牙齿萌出后，唾液分泌旺盛，会清洗牙齿，所以在这个时期，即使不刷牙也不易产生蛀牙。但是，牙齿越长越多，牙齿养护工作也可以正式开始了。

疾病开始增多，仔细观察宝宝状况　宝宝从母体那里获得的各种免疫力，在出生六个月之后逐渐下降。出现状况的宝宝不断增多，以发热为多见。因为大多数发热症状是突然出现的，所以难免让人慌乱。但是宝宝的抵抗力就是在一次次的疾病中锻炼出来的，一定要仔细观察宝宝的状态，必要的时候迅速到儿科就诊。

（四）安全防护

防止误食的事故　常常检查宝宝活动范围内是否留有易被吞食的小物件，防止宝宝误食。

防止窒息　避免宝宝在玩游戏时，将小玩具或小颗粒食物放入嘴里，引起窒息。

防止溺水　不要因为宝宝会坐了，就将宝宝一个人留在浴缸或者浴盆里。1～2分钟，也可能发生溺水。

三、亲子交流要点

陪宝宝一起玩水 水，没有形状，可以随意地变化形态，会滴落，会飞溅，对宝宝来说是非常有趣的玩具。对宝宝的视觉、听觉、触觉都有很好的锻炼。还可以把海洋球按进水里说"没有"，然后猛地把手松开，海洋球就会跳出水面，宝宝会笑得很开心。

感受明暗 将一块毛巾盖在宝宝脸上，遮住眼睛，然后不断掀起、放下，每天训练2～3次。这种明暗交错的视觉刺激对于宝宝的视觉发育有很大的好处。

给宝宝读绘本 选择色彩鲜艳、图多、字少、拟声词或叠音词比较多的绘本，宝宝容易模仿和理解，家长可在陪读过程中适当夸张动作，放慢语速。如《抱抱》《谁藏起来了》《哇》《蹦》等等。如果宝宝之前很少接触绘本的话，可以从布书或者识物卡片，慢慢过渡到篇幅稍长的绘本。

接触各种物体 妈妈可以在碗里放入各种质地、软硬、大小不同的食物，如饼干、果冻、糖果、面包等，让宝宝触摸、把玩，注意不要让宝宝吞食。

克服认生 在天气温暖的日子里，带宝宝出门到不熟悉的环境里走走，让宝宝慢慢与陌生人或陌生环境接触，待他熟悉后能渐渐消除对陌生人的恐惧。

第七章

7~8月龄
生长发育特点
及养护要点

7～8月龄

一、生长发育特点

（一）体格发育特点

至8月龄	身高（cm）		体重（kg）		头围（cm）	
	范围	均值	范围	均值	范围	均值
男孩	66.3～76.3	71.2	7.23～11.29	9.05	42.2～47.5	44.8
女孩	64.8～74.7	69.6	6.79～10.51	8.41	41.2～46.3	43.6

温馨提示：8月龄宝宝需预约医生进行健康体检。

（二）心理行为发育特点

1. 感知与运动

视觉通路发育加快 宝宝的视力范围
0.2～0.25，可以用眼睛找定向的东西。

手的动作开始形成 宝宝能用拇指
和食指捡起较小的物体，能拨弄桌上的小东西
（爆米花、葡萄干等）。会将物品从一只手传
递到另一只手，双手拿两物对敲。有意识地摇

图22 手部精细动作

东西（如拨浪鼓、小铃等）。

图23　手脚并爬

身体动作发展迅速　宝宝此时可以自如地独坐，并且能坐直、坐稳。扶腋下能站，站立时腰、髋、膝关节能伸直。趴着时，可以手脚并用地爬。

2. 认知与语言

认知和识别能力逐渐提高　宝宝会用很长的时间来注视物体，能用眼睛寻找家长提问的东西在哪里，如灯、门等。宝宝正在玩的玩具被隐藏后，会主动去寻找。向宝宝索要东西时，他会给，但不会放手。宝宝会尝试通过做出一系列的动作完成一件事，如爬向玩具，捡出彩色的球。宝宝会试着翻书，喜欢听以前听过的故事。妈妈换装后宝宝能识别。知道自己的名字。

模仿行为　宝宝会注意观察大人行动，喜欢模仿大人动作。

语言开始萌芽　宝宝能反复发出"Ma~Ma""Ba~Ba"等元音和辅音，但无所指。

3. 情感与社会性

能理解语言　宝宝懂得成人面部表情，对成人说"不"有反应，受责骂不高兴时会哭。

有依恋关系　宝宝表现出喜爱家庭成员，对于他熟悉喜欢的成人，会伸出手臂要求抱。对陌生人表现出各种行为如怕羞、盯看、躲避、大哭、尖叫，拒绝玩或接受玩具，情绪不稳定，表现忧虑。如果孩子对陌生人的抗拒很明显，应避免被动亲密接触。

自主意愿的形成　当从宝宝手上拿走东西时，会遭到强烈的反抗。喜欢和同龄宝宝交往。

有肢体表达　会用拍手表示欢迎、摇手表示再见，会表示"不要"。

二、养护要点

（一）饮食

坚持母乳喂养 母乳不足时添加配方奶，奶量700～800ml/日，逐渐提供各类适宜的食物，初步适应咀嚼、吞咽碎末状食品，尝试用杯喝水、用勺喂食。在保证奶量充足的基础上，开始进食碎末状食物，进餐位置相对固定，继续保持定时进食的习惯。

（二）作息

保证宝宝每天13～14小时的睡眠时间，白天小睡2～3次，逐步形成定时睡眠的习惯，夜间停止喂奶。

（三）行为

保持宝宝的口腔清洁，保证其乳牙健康萌出。逐步提高宝宝对大小便的控制能力，帮助其形成一定的排便规律。

配合成人为宝宝穿衣、剪指甲、理发和盥洗等活动。学着坐盆排便，对大小便的语音信号有反应，有一定的排便规律。

帮助宝宝练习翻滚、独坐、爬行、拉物站起等大动作，逐步增加拍掌、拿起放下、食指拨动、捏拿小物件等精细动作的练习。

通过"看、指、说"等活动，鼓励宝宝模仿成人的发音，听懂简单的词，促进其语言能力发展。帮助宝宝认识家人及常见物品，对简单的语言做回答性动作，如用手势表示再见、谢谢等。通过亲子交流，使宝宝对亲人形成安全型依恋。

经常让宝宝重复听些简单的乐曲或歌曲，让其对熟悉的音乐产生愉悦的情绪体验。

（四）常见问题

建议逐渐停止夜间喂哺宝宝 宝宝的消化道发育日渐成熟，日间可摄入保证其生长的足量乳汁和辅食，因此夜间不需要喂哺。多次夜间喂哺不仅影响日间规律进食，也影响宝宝睡眠质量。建议宝宝与成人分床睡，可淡化哺乳相关的条件。通过逐渐减少每次喂哺量，逐步推迟每次喂哺时间，最后停止夜间喂哺。

糊状固体食物的添加方法　　固体食物应用勺喂哺，还应让宝宝逐渐接触使用杯子。当宝宝会独坐且可以拇掌抓物时，开始让其用杯子尝试喝水。当宝宝开始拇食指抓物时，喜欢尝试着自己握杯子，尽管还不能很好掌握用杯子喝奶或喝水的技巧，仍可以尝试用杯子喂哺其少量母乳、配方奶或水。

添加调味料的年龄　　为避免宝宝摄入过多盐（矿物质）增加肾脏负担，一般不建议1岁以内宝宝的食物制作过程添加糖、盐以及其他调味料。但如果食物以碳水化合物为主的贫困地区可加少量的油，以增加食物的能量来源。

三、亲子交流要点

注意力训练　　做一个布口袋，让宝宝看着你将一个汤匙、一个手刷或一个塑料杯放进去，然后让宝宝玩弄这个口袋，并鼓励他找出口袋里的东西。

精细动作训练　　如捏豆豆：让宝宝坐在餐桌前，桌上放一个杯子，桌面上放些小豆豆，让宝宝模仿用拇食指捏起豆豆，并试着放进杯子里。

大运动训练　　如追皮球：妈妈把皮球从床的这边滚到床的另一边，引导宝宝爬去把皮球抱住。

第八章

9~10月龄
生长发育特点
及养护要点

9～10月龄

一、生长发育特点

（一）体格发育特点

至10月龄	身高（cm）		体重（kg）		头围（cm）	
	范围	均值	范围	均值	范围	均值
男孩	68.9～79.3	74	7.67～11.95	9.58	43.1～48.4	45.7
女孩	67.3～77.7	72.4	7.23～11.16	8.94	42.1～47.2	44.5

（二）心理行为发育特点

1. 感知与运动

爬行更为协调　孩子能以手足进行熟练地爬行，并逐步由原先手膝爬行发展到手足爬行，爬行的动作也由不熟练、不协调转变为比较熟练和协调。

平衡能力进一步提高　孩子能够用双手扶着小床的栏杆，自己站起来，并能站一会儿；当能扶站时会有意识地从站位变为坐位，并控制自己坐下时不至于摔倒；能扶着栏杆一边移动小手一边抬起脚横着走。

手眼协调能力加强　孩子会将物品从一只手换到另一只手；有意识地

摇东西（拨浪鼓、小铃等），双手拿两物对敲；能用拇指和食指捡起小物体、翻书；还会用手抓着吃食物。

2．认知与语言

模仿发音 这个时期的孩子能反复发出妈妈、爸爸等声音，但无所指；还能模仿着成人发音，发音越来越像真正的语言。

模仿动作 孩子会注意观察大人的行动，懂得看向大人手指的地方，并喜欢模仿大人动作。

能把音与一定的含义和动作相联系 比如妈妈说"不行"，孩子会将正在进行的活动停止下来，表明他已经懂得"不"得含义；比如妈妈说欢迎，孩子会拍手，说"再见"会挥手。

学着看书听音乐 孩子会试着翻书，喜欢听以前听过的故事，听到经常听的音乐还会跟着哼唱。

3．情感与社会性

会明确表达自己的意思 这一时期孩子的自我主张变得强烈，能清楚表达喜欢的事和讨厌的事，如讨厌换尿布会四处逃窜，哇哇大哭，会伸出手臂要求抱抱。当被拿走东西时会强烈地反抗。会用拍手表示欢迎、摇手表示再见，会表示"不要"。

懂得听从命令 孩子理解"不"的意思，大人说"不许动"可以立即停止动作。

喜欢重复的游戏 孩子喜欢和看护者玩重复的游戏，例如"再见"、玩拍手游戏、躲猫猫等，通过游戏来交流情感。

二、养护要点

（一）饮食

在保证奶量充足的基础上，逐渐增加辅食种类，一天可进食3餐辅食。辅食由泥糊状向颗粒样、碎块状过渡，让宝宝初步适应咀嚼、吞咽固体食物。可在粥和烂面的基础上添加菜、肝、蛋、禽肉、豆腐等食品，让宝宝尝试用杯子、碗喝水。进餐位置相对固定，同时继续保持定时进食的习惯。

（二）作息

养成定时睡眠的习惯，白天小睡2～3次，每天睡眠时间达到13小时以上。

（三）行为

保持宝宝口腔清洁，少给宝宝吃甜食和睡前零食，不要让宝宝养成睡觉时吸吮手指或口含奶、饭等食物入睡，保证其乳牙健康萌出，避免产生龋齿。逐步提高宝宝对大小便的控制能力，帮助其形成一定的排便规律。

让宝宝多进行爬行、扶站、独立站、扶走等大动作练习，增加宝宝捏拿小物品以及两手配合倒物、翻书等精细动作练习。

通过"看、指、说"等活动，鼓励宝宝模仿发音，使其可连续咿呀发音，促进其语言能力发展。训练宝宝认识身体各个部位，帮助宝宝认识家人及常见物品，对简单的语言做回答性动作，如用手势表示再见、谢谢等。要表扬孩子，培养孩子的干劲。

增加亲子交流，引导宝宝注意周围人的表情，理解成人肯定和否定的表情语言。鼓励其模仿成人动作和跟着音乐节律随意摆动身体，发展其动作思维。

（四）安全防护

孩子活动的范围增加，要对房间做一些布置，避免对孩子造成伤害。如将电源插孔插上安全塞，防止孩子将手指或玩具插入插孔内；在家具的硬边和尖角处贴上防撞条，防止孩子撞伤磕伤；常常检查地板上是否留有易被孩子吞食的小物件，防止孩子误食。家长应增强对孩子的看护，避免一些危险的发生。

图24　9～10月龄安全防护

三、亲子交流要点

爬行游戏　父母可以准备几种不同质地的垫子平铺在地上，让宝宝自己在垫子上爬行，让宝宝感受一下来自不同质地垫子所产生的不同的触觉刺激。

套杯游戏　父母可以准备一套塑料套杯或套碗，让宝宝模仿着大人一个一个地套，这可以训练宝宝拇指和食指的灵活性也可以促进宝宝空间知觉的发展。

百宝箱游戏　父母可以准备一个"百宝箱"，这个"百宝箱"里面可装上各种各样的颜色各异、能开能关、能堆能叠、可以活动的小玩具，让宝宝摆弄这些小玩具，使宝宝逐渐熟悉各种物体的特性。或者让宝宝在"百宝箱"旁边，把玩具一件一件从里面取出放在地上，再让宝宝把地上的玩具捡起来，一件一件放回到箱子里去。同时，父母还可以在宝宝做的时候配合说"取出来"或"放进去"。通过这个过程可以锻炼宝宝用手拿东西的技能，也使宝宝学会准确地抓起东西并将它们有意放下的技能。

五官指认游戏　父母与宝宝面对面地坐着，可以先拿着宝宝的小手指着自己的五官告诉宝宝说"这是眼睛""这是鼻子"等等，再拿着宝宝的小手指着宝宝自己的五官说"这是眼睛""这是鼻子"，最后还可以让宝宝看着画册上的娃娃，指认娃娃的五官。

找动物游戏　父母可以指着宝宝衣服上的小熊、小猫等动物图案教他认识，然后当宝宝穿起画有着小熊的衣服时，就问宝宝："小熊在哪里？"这样反复几次，宝宝就会揪起衣服来看了。

欢迎/再见游戏　当亲友来家时，父母可以把着宝宝的双手拍，一边拍一边说："欢迎、欢迎。"当家人从家中外出时，父母可以把着宝宝的手挥挥手，一边挥一边说："再见。"

第九章

11～12月龄
生长发育特点
及养护要点

11～12月龄

一、生长发育特点

（一）体格发育特点

至 12月龄	身高（cm）		体重（kg）		头围（cm）	
	范围	均值	范围	均值	范围	均值
男孩	71.2～82.1	76.5	8.06～12.54	10.05	43.8～49.1	46.4
女孩	69.7～80.5	75	7.61～11.73	9.4	42.7～47.8	45.1

温馨提示：12月龄宝宝需预约医生进行健康体检。

（二）心理行为发育特点

1. 感知与运动

爬行动作自如 随着肌肉的强化，宝宝会用四肢爬行且越来越熟练。也会有少数宝宝从来不会爬行，但只要能学会协调每一侧的肢体，而且同时使用手臂和腿，就不用太担心。

平衡能力提高 能扶栏杆自己站起来，学会自己坐下或扶物蹲下拿东西。渐渐地能独自

图25　扶站

站稳，偶尔宝宝会放开身边人的手，学会迈步，可以独立走几步。很多宝宝在一岁生日前后迈出人生第一步，但晚一些或早一些也完全正常。

手指协调能力更好　这段时期宝宝能打开包糖的纸，能从瓶子中倒出小的物体，能用手拿笔乱涂，能用勺子拨弄食物，会用手从容器中拿出、放进物体。

2．认知与语言

传达自己的喜好和需要　这个时期，宝宝会用手指向自己感兴趣的东西，会用点头、摇头分别表示同意、不同意。

感知分辨能力进一步提高　这一时期宝宝喜欢凝视图画，能区分动物和车，能够辨别红色的物体。能按要求指向自己的耳朵、眼睛和鼻子。能明白一些简单语句的意思，如被问到"灯在哪儿"，他（她）会看灯。

能说出最常用词语　前几个月的叽叽咕咕和尖叫声现在已经被比较清晰的音节取代，如爸爸、妈妈等。这个时期宝宝经常说一些出现别人难懂的话，或自创一些词语来指称事物。

用新的方式探索物体　宝宝会用摇晃、敲击、抛起等很多新的方式探索物体，打开家中的抽屉、柜子去看里面的物体。在这段时间，他（她）开始学会正确使用一些物体，如用杯子喝水、用梳子梳头等。

图26　摇扔东西

3．情感与社会性

开始模仿他人　孩子在发声时会模仿他人的手势，同时伴有面部表情。喜欢重复的游戏，如玩拍手游戏。但在模仿之外，孩子也在这一时期展示出一定的独立性，比如不喜欢被大人搀扶和抱着。能听成人指令拿东西，如把球拿过来等。

分离焦虑症的出现　孩子对主要养护者表现出明显的喜爱，开始听从养护者的劝阻。大约在同一时间，孩子会变得更加"黏着"那个人，

可能是妈妈或其他亲近的养护者。

准确表达出自己的情绪 如果做完某件事后被称赞，孩子会很高兴，被斥责则会悲伤或哭泣。正在玩的玩具被拿走时，会不高兴或者哭闹。能玩简单的游戏，能准确地表现出高兴、生气和难过，用哭来吸引大人的关注。

4．其他特点

对同龄人表现出极大的兴趣，会互相凝视或彼此触摸。

不同的环境和经历会带来巨大的进步，这一时期可以帮助孩子练习记忆能力。

区分熟悉和不熟悉的环境。在这两个月，孩子有时像两个截然不同的人，在你面前是开放热情的，在不熟悉的人或物体周围就会变得胆小、紧张、黏人。

二、养护要点

（一）饮食

逐渐提供各类适宜的食物，学习适应和咀嚼、吞咽固体食品，尝试用杯子喝水、用勺子喂食。

给孩子提供不同颜色、质感、种类的食物，可以有蒸熟的蔬菜块、香蕉之类的水果、煮熟的面条、炒鸡蛋块等。当孩子吃这些食物的时候，要时刻看着，防止他（她）吞下大块食物而噎着。

（二）作息

11~12个月的宝宝睡眠时间和睡觉质量因人而异。一般是上午睡1次，每次睡1~2个小时；下午睡1次，每次睡1~2个小时。夜间睡眠11~12小时。在这个月龄的宝宝中，有的已经能一觉睡到天亮了，但是也有很多会有夜醒。

为提高宝宝的睡眠质量，可以增加宝宝白天的活动项目，逐渐养成规律的生活节奏。白天睡眠时间以2~4小时为宜。洗澡最好在睡觉前40分钟~1小时完成。

（三）行为

开始配合成人为其穿衣、剪指甲、理发和盥洗等活动。学着坐盆排便，对大小便的语音信号有反应，有一定的排便规律。

充分练习爬行、扶站、独立站、扶走、捏拿小物件、两手配合传递物品等动作。

模仿成人的发音，听懂简单的词，会用表情、动作、语音等作出相应的反应。

多让宝宝听音乐，宝宝会练习跟着音乐节律随意摆动身体。

养成刷牙的习惯。妈妈帮助宝宝把刷牙的流程固定，养成饭后睡前刷牙的习惯。

（四）安全防护

此时的宝宝正在尝试独立行动，然而动作的平衡性、协调性及灵活性还略有不足，容易跌倒。因此要加强看护，家里有棱角的家具应注意套上保护套，避免宝宝跌倒时发生危险。

这个时期宝宝对外界事物感到很新奇，不仅要看，还要用手摸、用鼻子闻、用嘴尝。这是宝宝认识事物的方法，但他（她）们的生活经验不足，不懂得保护自己，常常发生意外伤害。因此，家中的任何药品、消毒剂、金属物件等均应放在加锁的抽屉或柜子内，避免宝宝拿到后误食。

在日常生活中妈妈要有意识去教会宝宝什么是危险、什么东西不可以碰、什么地方不可以去，教会宝宝保护自己。

三、亲子交流要点

给孩子指示方向和目标　当宝宝指出想要的东西或者想去的地方时，你可以用"你想去厨房啊"这样的方式回答宝宝的要求。即使知道他（她）的要求，也要装作不知道，用"想要什么"来提问。

和孩子玩指尖类游戏、发散类游戏等　这个年龄的游戏要点是使用手和指尖的力量，帮助宝宝全身运动和发展。如扔球、卷报纸等。

第十章

13 ~ 15月龄
生长发育特点
及养护要点

13～15月龄

一、生长发育特点

（一）体格发育特点

至15月龄	身高（cm）		体重（kg）		头围（cm）	
	范围	均值	范围	均值	范围	均值
男孩	74～85.8	79.8	8.57～13.32	10.68	44.5～49.7	47
女孩	72.9～84.3	78.5	8.12～12.5	10.02	43.4～48.5	45.8

（二）心理行为发育特点

1. 感知与运动

身体运动与控制能力更好　孩子能自己蹲下，自己站起来，正在练习平稳走路。有些走路比较早的孩子，在这个时期开始有更多的动作，如尝试爬楼梯和矮的椅子，并且能自己停下来。这个时期的孩子摔倒的风险较大，要注意看护。

动手能力越来越强　孩子15个月的时候，动手能力越来越强。会尝试自己拿勺吃饭，能用两手端起自己的小饭碗，用一只手拿着奶瓶喝奶、喝水。

喜欢模仿成人的动作。

手部精细运动能力加强 孩子能用食指和拇指捏起线绳一样粗细的小棍子，会把一只手指插到瓶口中。相比1岁之前抓、握、举等大运动有明显进步，手部精细运动能力也逐渐加强。

各种感知觉发展迅速 孩子在15月龄时，味觉嗅觉都会变得更敏锐，会有意识地寻找一些味道。触觉的感受更灵敏，孩子渐渐能感受到不同物体摸上去分别是什么样的质感和温度。

2. 认知与语言

喜欢和周围的人说话 说话早的孩子可能会说出一两句三个字组成的话了。大多数孩子能够有意识地叫爸爸、妈妈，甚至会叫爷爷、奶奶、姥姥、姥爷、叔叔、姑姑等。开始喜欢和周围的亲人说话，用极少的字表达丰富的意思。半数以上都能够使用8～19个词或词组。

通过非语言的手段表达要求 尽管孩子掌握的字词有限，但这个年龄段的孩子已经学会独立思考并通过种种非语言的方式来表达自己的想法和要求。在他（她）们看来，一个词、一个声音、一个手势、一个动作、一个表情都同样是表达的手段。

记住少量故事情节 同孩子一起看简单的故事书或漫画书时，可以让孩子自己翻书。边看边对书中内容进行提问，你会发现孩子已经具备一定的理解能力，能用声音和表情来作出一些回答。孩子开始懂得什么是好，什么是不好，并零散地记住部分简单的故事情节。

3. 情感与社会性

容易产生恐惧和孤独感 这个月龄的孩子，一方面已经有了独立意愿和探索冒险精神，一方面又容易产生恐惧和孤独感。毕竟幼儿的理解力还是相当有限的。当一件他（她）不能理解和解释的事情发生时，当他（她）不知道眼前发生的

图27　13～15月龄玩具

事情是否有危险时，当他（她）看到从未见过的东西而觉得这个东西又是那么稀奇古怪时，孩子自然而然会产生一种恐惧心理。

开始有社会化的特征 孩子渐渐学会分享与合作。和其他小朋友们在一起时，会表现出浓厚的兴趣，彼此之间产生好感，这是孩子社会化的表现。

二、养护要点

（一）饮食

调整饮食结构 13~15月龄幼儿可以继续母乳喂养，母乳400~600ml。不能母乳喂养或母乳不足时，仍然建议以合适的幼儿配方奶作为补充，奶量建议维持500ml左右。每天1个鸡蛋，50~75g肉禽鱼，50~100g谷物，50~150g蔬菜、水果。这个月龄的孩子已经开始尝试各种食物。这一阶段主要是学习自主进食，也就是学会自己吃饭，并逐渐适应家庭的日常饮食。

食物花色多样，粗细粮都要吃 孩子的膳食安排尽量做到花色品种多样，要荤素搭配，粗细粮交替，保证每天能摄入足量的蛋白质、脂肪、糖类等。保证维生素、钙、铁等微量元素的摄入。孩子应该多吃黄绿新鲜蔬菜，如油菜、小菠菜、土豆、胡萝卜、番茄等，每天还要吃一些水果。

这个月龄幼儿的家庭食物应该是少盐、少糖、少刺激的淡口味食物，并且最好是家庭自制的食物。经过腌、熏、卤制，重油、甜腻，以及高盐、高糖、辛辣刺激的食物均不适合孩子。

引导宝宝良好饮食行为 孩子能用小勺舀起食物，但大多会散落。这个时期，妈妈们会觉得宝宝开始挑食了，但是我们要尊重宝宝的选择，不要强迫他（她）接受自己不喜欢的食物，但是可以反复给宝宝试吃。主要还是要快乐地吃饭，时间在30分钟左右，进食时间逐渐和家人用餐时间调整一致。注意不要用食物或吃饭的事作为奖励或惩罚，不要追喂。

（二）作息

养成规律的睡眠习惯 孩子渐渐有了规律的睡眠习惯，基本白天睡眠2次，每次1～2小时，共2～4小时。夜间睡眠10.5～11.5小时。有些孩子白天不太愿意睡觉，更愿意用这段时间玩耍。睡前不要逗闹孩子或随便吓唬孩子，以免过于兴奋影响睡眠。也不要养成抱在怀中抖动、拍背或含着安抚奶嘴才入睡的坏习惯，应该放在床上让孩子自己睡。

（三）行为

养成良好的生活习惯 在每天的日常生活中，家人相处融洽是孩子最好的榜样。利用日常行为及活动，在爸爸妈妈的榜样带动下，反复学习，培养良好的生活习惯和交流习惯（比如见人打招呼、临走说再见、饭前便后要洗手）。

（四）安全防护

进行"危险教育" 这个年龄段孩子好奇心很大，会到处尝试，但是判断情况和认知危险的能力还不成熟，所以容易发生意外。另外，孩子开始慢慢明白大人说的话，但因为理解力和自制力还不成熟，说了也不听。但是家长不要放弃，要多次反复耐心地告诉孩子，用简短的话告诉他（她）危险的存在。

生活中的安全细节 这个年龄段的孩子活动范围进一步扩大，会进行更复杂的动作和探索。窗户旁边最好不要摆放凳子、椅子、桌子等可攀爬的物品；容易被打碎的东西放在孩子碰不到的地方，尤其是热水瓶等危险品；地面上也不要留有磕磕绊绊的杂物，避免绊倒正在学习走路的孩子；在室外活动时要注意孩子手里是否拿了东西，不要把捡到的东西或脏手指放进嘴里。

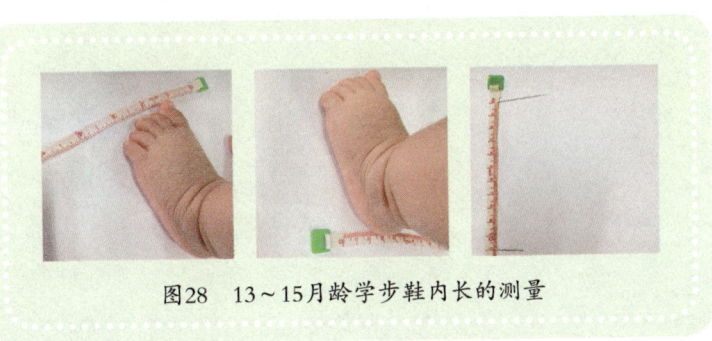

图28　13～15月龄学步鞋内长的测量

三、亲子交流要点

正确对待宝宝摔跤　　这个月孩子有可能弯腰捡东西的时候摔倒，也有可能捡好东西站起来的时候仰面朝天摔倒，妈妈不要吓得大喊大叫，要冷静下来，用温和的态度鼓励孩子自己站起来。

孩子开始反抗了　　这么大的孩子已经有了自我意识，越不让做的事情，越想尝试。在没有危险的前提下，爸爸妈妈应该尽量让孩子自己动手做一些事情，并鼓励孩子这种不服输的精神。

不要让孩子拿过重的东西　　这个月龄段的孩子很喜欢"挑战极限"，由于骨骼韧带尚未发育完全，拿太重的东西时容易导致软组织拉伤，也可能影响骨骼发育，所以，不要让孩子拿过重的东西。

这些走路姿势可能有异常　　如果孩子走路一摇一摆像个小鸭子，或者走路时身体侧歪，肩膀一边高一边低，或者现在还用脚尖走路，妈妈最好需要带孩子去看一下医生，排除病理疾患。

第十一章

16 ~ 18月龄
生长发育特点
及养护要点

16~18月龄

一、生长发育特点

（一）体格发育特点

至18月龄	身高（cm）		体重（kg）		头围（cm）	
	范围	均值	范围	均值	范围	均值
男孩	76.6 ~ 89.1	82.7	9.07 ~ 14.09	11.29	45 ~ 50.2	47.6
女孩	75.6 ~ 87.7	81.5	8.63 ~ 13.29	10.65	43.9 ~ 49.1	46.4

温馨提示：18月龄的宝宝需预约医生进行健康体检。

（二）心理行为发育特点

1. 感知与运动

运动种类增加 孩子会走之后，接下来是逐渐增加运动种类的时期，孩子能扶着栏杆自己上下楼梯；能不依靠扶持，自己蹲下来，但动作有些迟缓；能倒着走，开始跑，但不稳；能爬上椅子，并从上边下来；能举手过肩将皮球抛向父母。

手指变得更加灵活 这一时期的孩子可以将4块积木垒高；能将瓶盖准确盖在瓶口；能模仿父母画道道，但画的方向不确定；能双手端碗，试着自已用小勺进食。

模仿成人更高难度的动作 孩子会模仿父母做一些简单的家务劳动，如扫地、拖地等。

2．认知与语言

认识的事物越来越多 孩子可以指认熟悉的物品和人；能按要求指出自己或其他人身体的4个部位；能在一堆物品中挑出与其他不同的物品。

语言能力不断增强 孩子能说20个左右的字音，说出的这些字均有含义，但发音不一定清楚；喜欢重复别人说过的话，能有意识地说出2～3个字组成的动宾结构的句子表达意思，如"妈妈抱""要去"等；能用语言表达自己的需求，常伴有手势；能伴随表情，并用字词、动作进行交流。

继续模仿 喜欢听音乐，并跟随成人摆动。模仿常见动物的叫声、汽车的声音。

3．情感与社会性

情绪不稳定 孩子这一时期变得容易受挫，受挫折时常常发脾气；对常规的改变和突然变迁而情绪不稳定；看到其他的小孩哭时，易受感染，会表现出痛苦的表情或跟着哭。

喜欢交往 喜欢观看别人玩游戏；喜欢交往，会用面部表情、手势和简单的语言与人交流；喜欢争抢玩具，当心爱的玩具被抢走时会夺回来。

遵从行为规则 孩子开始能够理解并遵从一定的行为规则，如按时睡眠、睡前洗澡等。

二、养护要点

（一）饮食

均衡饮食，提倡低盐、低糖、清淡口味。每天喂食主餐3顿，添加辅食2次，添加配方奶400～500ml。少吃油腻、过甜、油炸、刺激性食物，避免吃腌制食品。

（二）作息

帮助宝宝逐步养成按时入睡、按时醒的习惯，醒后不哭闹、情绪愉快。

（三）行为

培养宝宝饭前流水洗手、饭后漱口的卫生习惯。教导宝宝自己拿小勺将食物放进嘴里，形成定时、定位、专心进餐的饮食习惯。帮助宝宝学习用语言或动作表达排便需求，使其逐步形成排便规律，并学会用便盆大小便。

让宝宝进行自如行走、转弯、倒退走、蹲起、弯腰取物、扔球、接球、滚球、踢球、扶栏杆上下楼梯、慢跑等大动作练习。进行开瓶盖、搭建、串珠子等精细动作游戏。可以教导宝宝学数数、认图形、画直线、找不同。

引导宝宝学习2～3个字组成的动宾结构句子表达需求，鼓励其模仿成人话语中的单词、短句。鼓励宝宝用语言说出自己的愿望。结合画册给宝宝讲故事，教其说出画册中的物名，带宝宝接触大自然，让其感知生活环境中的花草树木，随时随地教所见的小动物、树木名称。建立实物和图片、物体和词语之间的联系。

为宝宝创造和小伙伴玩过家家游戏的机会。鼓励宝宝跟着音乐节奏做动作，使其感受音乐带来的快乐。

（四）安全防护

这一时期孩子活动的范围进一步增加，需对房间做一些布置，避免对孩子造成伤害。如将所有药品、化妆品、化学品、刀叉、剪刀等有潜在危险的物品放在孩子看不到、够不着或加锁的地方，防止孩子误食、误伤；检查落地灯、书架等家具的稳固性，防止这些家具倾覆砸伤孩子；给窗户装上防护栏，不能将椅子、沙发等孩子可以攀爬的家具

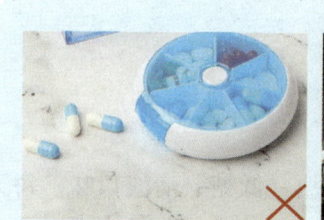

图29　16～18月龄安全防护

放在窗边，防止孩子爬出窗外发生坠落。

三、亲子交流要点

跳水游戏 父母可以准备一张小凳子，让宝宝站在小凳子上。一开始的时候，父母需要握着宝宝的双手，帮助他（她）向下跳，然后可改用一只手握着，最后熟练了可以完全放开让宝宝自己跳。

图30 跳水游戏

穿珠游戏 父母可以准备一根尼龙线和一些带孔的玩具，让宝宝把这些玩具一个一个地用线穿起来。注意玩具的孔不要太大，玩具也不要太小以免被宝宝吞食。

找不同游戏 父母可以准备一本"找不同"的画册，让宝宝找出里面物体特征分明、单一的不同物体。比如一幅图片上有几种动物，可以分为长尾巴的动物和短尾巴的动物，诸如长尾巴的猫、短尾巴的兔子等等。可以让宝宝先找出长尾巴动物，再找出短尾巴动物。这一游戏可以训练宝宝的注意力和观察力。

摸得准游戏 父母和宝宝面对面，可以先给宝宝做示范，一边报出"眼睛""鼻子""嘴巴"等，一边触摸自己五官的相对应部位，然后让宝宝模仿着做，和宝宝比一比谁的速度快、谁做正确的多。这个游戏是训练宝宝注意力的好方法。

打招呼游戏 父母要经常教宝宝称呼不同年龄、不同性别的人，例如爷爷、奶奶、叔叔、阿姨等。父母要向宝宝示范在早晨见到人要摆手说"早上好"，在离家时要挥手说"再见"，在接受东西后要说"谢谢"等。

第十二章

19～21月龄

生长发育特点
及养护要点

19~21月龄

一、生长发育特点

（一）体格发育特点

至21月龄	身高（cm）		体重（kg）		头围（cm）	
	范围	均值	范围	均值	范围	均值
男孩	79.1~92.4	85.6	9.59~14.9	11.93	45.5~50.7	48
女孩	78.1~91.1	84.4	9.15~14.12	11.3	44.4~49.6	46.9

（二）心理行为发育特点

1. 感知与运动

一心"二用" 例如，行走时，能够拉起身后的玩具拉车；可以边走路边摆弄手中的玩具，然后准确的传递给别人。

活动自如 宝宝不仅行走自如，还能用脚尖走路。能扶着栏杆自己上下楼梯，不需要父母的帮助。能蹲下、起立和弯腰拾物，能做出复杂的动作。

翻越障碍 喜欢爬上家具；宝宝能爬上椅子去拿东西，会推开椅子，甚至从椅子爬到桌子上；能越过8~10cm高的横杆。

手眼协调 喜欢玩能够塑型的东西，如面团、泥巴、沙子和水，会把这些东西做成各种形状或在这些东西的表面"画图"；能用五块积木搭成小塔；能将水从一个容器中注入另一个容器中，而且不会把水溅到外边；能够不慌不忙地用蜡笔在纸上画出更多的线条、图案。

图31　手眼协调

2．认知与语言

思维快速发展 开始会运用想象力玩玩具，具有了象征性的思想能力；解决问题的能力不断提高，能够完全熟练地完成一项简单的拼图游戏。

探索周围世界 好奇心不断增长，以致想知道外边发生的事情，也想探究抽屉和橱柜里面的东西；能使用视觉、听觉和触觉探究周围世界，对探索新环境变得更有自信心；能集中注意力，更果断，能够更有目的地完成一项复杂的任务。

词汇量增加 词汇量增加到十几个，人称如哥哥、姐姐、阿姨、爷爷等；在大多数情况下，会用一个名词描述整个种类，如用"车"指代所有的车，用"房子"指代所有的楼房；能把两个字组合成一个词组。

语言交流欲望增强 喜欢对话，开始学会对话的方式，如对别人的问话，会做出回答；向别人提出问题时，也会等待回答；慢慢懂得对话是社会交流的必要技能。在听到其他人唱歌时，会试图加入。

3．情感与社会性

渴望关注、表达需求 喜欢大人的陪伴，会尝试用说话或玩具来吸引大人的注意力；能用语言表达"吃饭""喝水""上街"等个人需要。

建立规则意识 开始与其他孩子进行接触，但还需要爸爸妈妈多给他（她）一些基本社交指导。懂得一些简单的规矩，有时候还不能自觉遵守。虽然还不能完全控制好自己的大小便，但已经可以开始如厕训练。喜欢安稳而有规律的生活，频繁变换养护人和养护环境，不利于孩子的身心发展。

二、养护要点

（一）饮食

食物配制多样化 主食应该粗细粮搭配着吃，需要继续补充配方奶，均衡饮食，荤素搭配。

学会自主进食 逐步形成三餐两点的饮食规律。培养宝宝一手扶碗、一手拿勺、独立进餐的习惯，用餐时做到一吃、二嚼、三咽，吃完饭后再离开餐桌。自主进食是促进孩子精细运动发育和规则意识养成的良好时机。

（二）作息

保证睡眠时间 18～20月龄期间，宝宝的睡眠时间最好是保持在12～14个小时之间。一般白天2小时，夜晚10～12小时。家长要帮助宝宝形成良好的睡眠习惯——按时睡、按时醒，醒后情绪稳定、不哭闹，避免孩子睡眠时间不足或者过多。

（三）行为

学习生活技能 这个月龄段，家长应逐渐减少对孩子的帮助，避免过度干预，让孩子学习使用肥皂、毛巾，学脱鞋子、袜子、裤子和外衣等，提高自理能力。

排便训练 这一阶段对孩子的大小便训练仍以坐便盆为主，在饭后让他（她）坐便盆，成功排便的机会较大。如果孩子没有排便需要，每次坐便盆的时间不要超过5分钟，以免让他（她）厌烦。随着年龄的增长，孩子控制大小便的能力也在增强。但在孩子学会走路后，活动增多，生活习惯也可能有所改变。在此期间，孩子可能会有一段时期出现尿频、大便次数增加的情况。这是正常现象，家长要关注但不要指责，过了这一阶段就会消失，必要时及时就医。

（四）安全防护

预防误食 这个年龄段的孩子，充满好奇心，容易因误食而中毒。家长务必将药品、细小零件等放置在安全场所，防止孩子误食。

安全出行 选择稳固的儿童推车，并且注意正确操作。推车停止时，用刹车固定住，确保孩子够不着刹车开关，在水边或下坡时要特别注意。当你打开或收起推车时，让孩子待在安全的地方。当孩子坐上推车时，确保推车处于完全打开的安全状态，否则推车收缩可能会夹伤孩子。若孩子乘坐轿车出行，必须使用安全座椅。

三、亲子交流要点

害怕和焦虑 这个年龄段的孩子，最害怕的是黑暗和雷电。孩子不敢一个人呆在黑暗里，光亮和声音可以部分消除宝宝对黑暗的恐惧。

分离恐惧 1岁半的孩子对父母的依赖性仍然很强，他（她）虽然能够忍受和父母分离一些时间，但时间长了就会感到不安。较小的孩子害怕和父母分离，较大的孩子则害怕父母离开后不再回来。为了让孩子放心，在离开前要详细地告诉孩子爸爸妈妈为什么要离去，到什么地方去，以及什么时候就可以回来。重要的是要用行动实现自己的诺言，如说只离开10分钟，10分钟以内一定要赶回来；如说到邻居家去，就不要走得太远，这样才能让孩子充分地信任父母，去除父母不在时的不安和忧虑。

行动受挫 孩子喜欢尝试、探索新的事物，但还不能正确估计

自己的能力，探索欲超过了自身动作的准确性和协调能力，因此经常会遇上自己力所不及的事。行动的失败给孩子带来受挫的感觉，常常引起他（她）的哭闹。这时，除了抱着孩子给予安慰，玩游戏转移注意力，也可以选择迎难而上，和孩子一起做刚才的事情，鼓励他（她）坚持下去，帮助取得成功，以成就感取代挫折感。

此外，父母对孩子行动的限制和阻止也会给他（她）带来受挫感。对于孩子的探索精神，要多加鼓励，即使一时无法做到，也不要气馁，以后再尝试。要尊重孩子的独立意志，不要把自己的意愿强加于他（她）。如果孩子实在不愿做某事，不要和他（她）争论。平静地接受孩子的选择，比拉锯式的争论好得多。

发脾气　　发脾气是孩子企图引人注意的一种方法，孩子不知道怎样清楚地表达出自己的意愿，便以发脾气的方式表现出来。对于这种状况，爸爸妈妈可以和孩子交流，了解发脾气的原因，加以开导。如果孩子不能冷静下来，可适度冷处理，让他（她）独处一会儿（在你的看护范围内）。当孩子失去了发怒的对象时，自己会觉得很没意思，很快平静下来，将注意力转移。如果孩子大嚷大叫，手脚乱舞，家长只要关注，防止其碰伤即可。

如果孩子是在公共场所发脾气，不要当众呵斥，可以平静地把他（她）带开，表明这样做并未起到作用，然后到一个安静的地方安抚孩子或让他（她）自己消消气。

第十三章

22～24月龄
生长发育特点及养护要点

22～24月龄

一、生长发育特点

（一）体格发育特点

至24 月龄	身高（cm）		体重（kg）		头围（cm）	
	范围	均值	范围	均值	范围	均值
男孩	81.6～95.8	88.5	10.09～15.67	12.54	45.9～51.1	48.4
女孩	80.5～94.3	87.2	9.64～14.92	11.92	44.8～50	47.3

温馨提示：24月龄孩子需要预约医生进行健康体检。

（二）心理行为发育特点

1. 感知与运动

动作更加协调 直线行走很快；能够双脚着地驱动小三轮车，但是不一定会用脚踩动小车的踏板；踢球时能够单腿站立，单脚踢球；这个年龄的孩子跑步需要集中精神，跌倒次数减少，即使身体晃动，也能调节好平衡。

互动和模仿 能随着音乐跳舞；孩子在父母的指令下，能把球举过肩膀，扔向大人；能模仿大人倒退着走。

自主意识驱使 看书能持续好几分钟，会仔细地看清楚每一页，指出书中感兴趣的人物；会自己翻页；自己穿脱衣服的意愿越来越强。

行动有目的　　能有效地靠食指和拇指捏起很小的物体；能从大人手上接过东西，或把东西递给大人；能够用简单的乐器打击出有节奏的声音，例如用铃鼓打出节奏。

2. 认知与语言

观察与学习　　会摆弄各种东西，并从中了解它们，例如把瓶盖打开，看看里边的东西；会更近距离地观察大人，从模仿大人的动作中学到新技能。对别人说的话理解力越来越强；能够记住和描述一些过去发生的事情。

强烈的好奇心　　对新事物有挡不住的渴望，会问许多有关周围事物的问题；对运用想象力的游戏很有兴趣，会用玩具编故事，用玩具扮演不同的人物。

有意识的表达　　能准确地辨认放在眼前的日常生活用品；能说出身体主要部位的名称；别人说话时，会饶有兴趣地倾听。

更完整的表述　　会试着使用不同的词组（也许不准确）；能正确地发出大多数的声音，但经常混淆或发错某些辅音，如"C"或"S"；词汇量至少达到200个，能连词成句。

3. 情感与社会性

动手能力进步　　能够较好地用小勺自己进餐；基本上能自己如厕，但还不能完全控制自己的大小便；想自己动手洗澡、刷牙；喜欢依靠自己完成一些任务。

自我意识增强　　喜欢其他孩子的陪伴，但不愿意分享；和大人分开时会哭泣，但大人走远时又很快停止；遇见生人会害羞。

二、养护要点

（一）饮食

食量合理 这个月龄段的饮食必须保证足够的热量、高质量的蛋白质和维生素。但要严格控制孩子的高脂肪、高糖食物的摄入，若食用过多肥肉、含糖饮料和精制碳水化合物，比如饼干、果酱和糖果等，会导致超重。

营养均衡 要保证营养全面均衡，适量摄入动植物蛋白，如瘦肉、鱼类、豆类和蛋类。应摄入适量的含碘食物，如海带、紫菜等，因为碘是孩子大脑发育不容忽视的重要微量元素。

（二）作息

保证睡眠时间 这个月龄段的孩子每天需要12～13个小时的睡眠，其中包括下午1～3个小时的午睡。可以允许孩子在合理的范围内自主选择，比如到了午睡时间，询问："你是想现在睡还是10分钟以后睡？"通常，孩子能做出合适的选择。

（三）行为

养成良好习惯 让孩子逐步养成按时睡眠、进餐、盥洗的好习惯，生活有规律。在盥洗时帮助他（她）学着使用肥皂、毛巾，学脱鞋子、裤子、袜子和外衣。

告别尿床 快满2岁的孩子一般不再尿床了，如果偶尔尿几次床，尽量找出原因。这可能是因为孩子白天过于兴奋，入睡后不能觉察自己的身体反应，不知不觉就尿了；也可能是因为临睡前喝水太多。这些都需要"对症排查"，并"对症下药"。如果孩子之后还经常尿床，不要呵斥孩子，可能是由疾病引发的，应带孩子到医院就诊。

（四）安全防护

远离危险品 随着孩子活动能力的增强，要注意家中热水瓶、插头插座等带电物品和尖锐物体，防止孩子误触而引发伤害。并告诉他（她）这是危险的物品，不能触碰，培养其自我防护意识。

图32　21～24月龄安全防护

保证家具稳固　　把落地灯放在其他家具的后面，把衣柜、书架固定在墙上。若孩子攀爬大件家具，跌下来或扳倒家具会造成伤亡。

预防高处跌落　　不要将宝宝床置于窗户边，若孩子能触及窗沿或能借助工具翻越，则必须将窗户锁住，并加装儿童安全窗锁。尽量使孩子处于家长的视野范围中，不能将他（她）独自留在家中无人照看。

排除安全隐患　　这个阶段的孩子，已经有能力爬出宝宝床。注意围栏高度，避免孩子爬出床外。保持床上的整洁，不要放太多的东西，以免发生窒息等危险情况。

三、交流要点

鼓励和引导孩子主动学习　　让孩子练习自如地跑，进行举手扔球、玩叠高积木、串大珠子等游戏，并学着收放玩具。鼓励孩子辨别周围生活环境中的常见物，对物体的形状、冷热、大小、颜色、软硬等特征有充分的感知体验。鼓励孩子学用简单句（双词句）表达自己的需求，说出自己的名字，提供机会多进行亲子阅读、听故事、学念儿歌。引导孩子随着音乐节奏做模仿动作，跟唱简单的歌曲，用各种材料涂涂画画。

强化规则意识，建立同理心　　鼓励孩子与人打招呼，在和同伴的游戏中学着形成初步的规则意识；学着了解哪些东西是属于自己的，哪些是别人的；当别人遭遇困难和痛苦时，愿意给予帮助和安慰。

帮助孩子克服困难　　孩子对一些特定的事物会产生恐惧心理，比如：害怕洗头。他（她）不喜欢让水流过脸颊，误以为这很脏或者很疼。父母应当做出示范，告诉孩子洗头是一件很舒服的事。另一种办法是把洗头当成一种游戏，让孩子参与其中。父母和孩子一起进到浴盆里，让孩子用杯子舀水帮大人洗头，他（她）会觉得有趣，轮到他（她）洗时，多给一些鼓励，动作轻柔些，就不那么害怕了。

第十四章

25～30月龄
生长发育特点
及养护要点

25～30月龄

一、生长发育特点

(一) 体格发育特点

至30 月龄	身高（cm）		体重（kg）		头围（cm）	
	范围	均值	范围	均值	范围	均值
男孩	85.9～101	93.3	10.97～17.06	13.64	46.5～51.7	49.1
女孩	84.8～99.8	92.1	10.52～16.39	13.05	45.5～50.7	48

温馨提示：30月龄孩子需预约医生进行健康体检。

(二) 心理行为发育特点

1. 感知与运动

能自主地跳跃和上下楼梯 能奔跑、后退、侧走，能双足同时离地跳，轻松地立定和蹲下，会迈过较低的障碍物，能双足交替上下楼梯，能跳下一个台阶，能单脚站立（2～5秒）。

手眼协调能力进一步发展 能将球朝一定的方向滚，能将球用力往远处扔，会转动把手开门、旋开瓶盖取物，能很好地使用勺子。能用大号蜡笔涂涂画画，自己画垂直线、水平线，学着一页一页翻书。用积木垒高或连接成简单的物体形状（如桥、火车）。会骑最简单的三轮车，能够自己滑滑梯。会捏、团、撕，随意折纸。

2．认知与语言

语言的发展存在个体差异　　有些孩子听完故事能说出讲的是什么人、什么事，会用几个"形容词"，会用"你""我""他"，会用连续词"和""跟"，会使用副词"很""最"，能说出常见物品的名称和用途。能说明一件简单的事情，会唱简单的儿歌。孩子这个阶段语言发育的个体差异很大。有能和大人对话的孩子，也有只会说几个词语的孩子。即使说话比较少，只要孩子有"大人说的话大概能听懂"，"即使不会说也尝试着表达自己的意思"这样的表现，大家可以不必着急，继续耐心观察一段时间，必要时去医院就诊。

喜欢问"这是什么"　　孩子2岁期间会出现不断地问"这是什么"的情况，对语言以及周围事物的兴趣不断扩大，是什么都想知道的时期。遇到此情况要尽可能地给孩子解答。

感知分辨能力有很大的提高　　能理解"大小""多少""上下"，会比较"多少""长短""大小"，会指认圆形、方形和三角形，知道红色，能从1数到10，游戏时能用物体或自己的身体部位代表其他物体（如手指当牙刷）。

3．情感与社会性

孩子会同时出现自立和依赖的情况　　正式进入第一次叛逆期，会用"不"表示独立。自我意识越来越强烈。不听话，做不到的事情也坚持要"我自己做"，这样的情况也会增多。会经常听到孩子说"不要"和"不行"。虽然不如意的时候会大哭，但又不要家长帮忙，像这样的情况也会增多。同时也有突然撒娇、能做的事情也不做的情况。这是因为在孩子的心中，同时存在自立和依赖的心理的缘故。家长应耐心和孩子沟通，予以包容和鼓励。

是非观念、情感表达有了进一步的发展　　有简单的是非观念，知道打人、咬人、抓人不好。会发脾气，和同伴一起玩简单的游戏，会相互

模仿，有模糊的角色装扮意识。能感受他人的情绪，开始同情别人、帮助别人，并能开始表达自己的情感。

4．其他特点

主动要求坐便盆 受到神经系统发展的影响，每个孩子脱下尿布的时机都有很大的差异。孩子有时候看爸爸、妈妈上厕所，会模仿家长，自主要求坐便盆。这时需要家长的及时鼓励，以使孩子更快地脱下尿不湿，逐步养成坐便盆的习惯。

记忆力增强 此月龄的孩子记忆力在逐渐增强，已经能够记住爸爸妈妈教的简短的儿歌。而且几天前做过的游戏，孩子也能简单地复述出来。爸爸妈妈可以经常让孩子复述前几天发生的事情，这样可以促进孩子记忆力的发展，同时也可以促进孩子语言表达能力。

二、养护要点

（一）饮食

应该逐渐增加食物的品种，让孩子尝试各种食物，使其适应更多的食物。每天吃两次点心，上午和下午各吃一次，但要注意不要吃太多巧克力或者糖之类的甜食。吃饭时尽量控制脂肪和盐的摄入量。

（二）作息

每天会睡9～13小时。大多数这个年龄的孩子仍需要小睡，通常会在白天午睡2小时。

睡觉前，通过与孩子玩一些安静的游戏或给他（她）讲一个美好的故事，来帮助其入睡。

（三）行为

生活习惯的养成 逐步训练孩子用杯子自己喝水。注意牙齿的清洁卫生，饭后刷牙，以免蛀牙。培养孩子规律的生活习惯，让其学着自己洗手、擦脸，学着自己穿鞋、解衣扣、拉拉链，学着把玩具收拾好。训练孩子自行上厕所。此时家长需要摒弃拔苗助长、希望速成的心态，让孩子顺其自然地建立良好的生活习惯。

逐步建立时间意识 合理规划孩子的生活玩耍时间。"差不多该睡觉了""现在是刷牙的时间了",帮助他们建立良好的时间观念。

(四) 安全防护

预防摔伤、高空坠落 避免让孩子独自在家,即便是孩子睡着时,看护人员也不可以离开家,以防孩子找不到看护人员而爬到窗户或阳台上。窗边和阳台上尽量不要放可让孩子攀爬的桌椅,避免孩子攀爬到窗户或阳台而导致坠落。

预防窒息 吃饭时,让孩子坐好并对其密切关注。把食物弄成适合孩子的小块,鼓励其充分咀嚼。不要让孩子在奔跑或玩耍时吃东西。尽量避免吃表面光滑的食物,如坚果、果冻等。

图33 防止高空坠落

预防烧、烫伤 把热水壶放在孩子拿不到的地方。不要让孩子靠近取暖器。教育孩子不能打开煤气灶等物品,告诉孩子触摸或在它们周围玩耍都是很危险的。

预防触电 把所有不用的电源插座插上防护塞。避免孩子把手指伸到电源插座孔内。

图34 烫伤处理

三、亲子交流要点

鼓励孩子玩可以提高创造力的游戏 ①过独木桥游戏：设置离地15cm左右的独木桥，父母可以先扶孩子在独木桥上来回走几次，使孩子习惯高处行走，然后父母渐渐放手让孩子自己在独木桥上走。这个游戏可以让孩子练习高空控制力，为身体平衡能力打基础。

②撕"面条"游戏：父母可以用家中的餐巾纸，先示范如何撕的动作，然后鼓励孩子将纸撕成细长条，撕成"面条"。可以先撕一层纸，以后逐步增加几层纸。这个游戏可以锻炼孩子手指运动的能力。

③挑豆子游戏：父母准备一把黄豆、绿豆和红豆，还有三个盘子，让孩子先将黄豆挑出放入一个盘子内，再找出绿豆放入第二个盘子内，最后找出红豆放入第三个盘子内。看看孩子能否把黄豆、绿豆和红豆都挑出来。此游戏可使孩子更准确地认识颜色，还可以锻炼孩子有目的地挑选和分类物品的能力。

亲子相处方式 每天与孩子相处一段时间。给孩子连续不断的、温暖的、身体上的接触，比如拥抱。聆听并且回答孩子的问题。

音乐、阅读的启蒙 给孩子介绍一些乐器，比如玩具电子琴、小鼓等。给孩子播放平缓的、旋律优美的音乐。每天都给孩子读绘本，讲故事，选择一些可以锻炼孩子动手能力的书籍。

语言的运用 帮助孩子学习用语言描述自己的心情，比如高兴、愤怒和害怕等。在孩子穿衣、洗澡、玩耍、散步、乘车的时候，给他（她）唱歌或者跟其聊天，就像跟成年人聊天那样。语速尽量慢一些，以便给孩子一定的反应时间。

规范一些行为习惯 限制孩子用电子产品的时间。经常性地对孩子的良好行为进行具体描述性表扬，比如"我喜欢你们两个一起玩耍"。

第十五章

31～36月龄
生长发育特点
及养护要点

31~36月龄

一、生长发育特点

（一）体格发育特点

至36月龄	身高（cm）		体重（kg）		头围（cm）	
	范围	均值	范围	均值	范围	均值
男孩	90~105.3	97.5	11.79~18.37	14.65	47~52.2	49.6
女孩	88.9~104.1	96.3	11.36~17.81	14.13	46~51.2	48.5

温馨提示：36月龄孩子需预约医生进行健康体检。

（二）心理行为发育特点

1. 感知与运动

跳跃及上下台阶更灵活，平衡能力进一步的发展 能够单足站立（5~10秒）以及单足跳。会用脚尖走路，能双足离地连续跳跃2~3次，能双足交替灵活走楼梯。能沿着直线双足交替行走，能独立走一条短的平衡木，能跨过一定高度的障碍物。练习钻爬、上下台阶、走小斜坡，体验运动的乐趣。

手和手指的灵活性进一步发展 能够垒8~10块积木。用抓握的方法拿铅笔或彩笔，最初只是乱画，慢慢地能画直线，然后能画两头相接的圆。能用剪刀剪纸，能把纸对折。能举起手臂，将球朝一定方向投掷。

动作协调性更强 能跟随音乐、儿歌做模仿操，动作较协调。用积木拼搭成物体，并尝试命名。能握着笔画横线和竖线，能模仿画圆、十字形。

2. 认知与语言

能识别颜色、方位等 知道黄色、绿色，并能正确地指认，能分辨"里""外""上""下"。

语言运用进一步发展 口数1～10，口手一致数1～5，会问一些关于"是什么""为什么""是谁""在哪里"的问题。在成人引导下，理解故事的主要情节，开始运用"你们""他们""如果""但是"等词。知道一些礼貌用语，比如"谢谢"和"请"，并知道何时使用这些礼貌用语。知道家里人的名字和简单的情况。开始区别"一个"和"许多"。认识并说出常见物品、动物名称，词汇量较丰富，运用字词的能力迅速增加，能说出有几个词的复杂句子，能用语言表达自己的感受，自控能力也有所增强。喜欢阅读，愿意讲述简单的事情和学唱儿歌、讲故事。

3. 情感与社会性

自我意识更强 逐渐掌握"我"这个代名词，常说"我自己做"，拒绝别人帮助。清楚地知道自己是男生还是女生。

社会交流进一步发展 愿意分享玩具，和同伴或家人一起玩角色游戏，如"过家家"游戏。学习对人有礼貌，不影响别人的活动，会用"您好""谢谢""再见"。有同情心，团结友爱。懂得讨妈妈的喜欢，懂得爱护小朋友。逐渐适应集体生活，愿意亲近老师和同伴。

能更好地控制自己的情绪、表达自己的感受 开始能控制自己的情绪，对成功表现出积极的情感，对失败表现出消极的情感。表现出自尊心、同情心、怕羞。大吵大闹和发脾气已不常见，且持续时间短。愿意跟着音乐唱唱跳跳，用声音、动作、涂画、粘贴等多种方式表达自己的感受。

(三) 其他特点

大胆表达自己的需求，理解并乐意执行简单的语言指令。开始了解人、物、事之间的简单关系。

3岁孩子"无意的谎言" 说谎，是孩子在3岁左右特有的现象。孩子说谎很少出于故意，与其说他（她）们在说谎，不如说他（她）们只是因为认知水平有限，还不具备逻辑思维能力，所以提供错误的信息而已，并且通常也不认为自己是在说谎。这种"无意说谎"是孩子在发展阶段上可能会出现的现象。在此阶段，爸爸妈妈不要轻易将说谎与孩子的品质联系起来，不要轻易给孩子扣上说谎的帽子，也不必大惊小怪。只要耐心和孩子讲清楚，孩子很快会改正过来的，如有特殊情况请及时就医。

二、养护要点

(一) 饮食

孩子乳齿刚刚出齐，咀嚼能力逐步增强，但消化功能较弱，而需要的营养量相对较高，所以要为他（她）们选择营养丰富而易消化的食物。

注意培养孩子良好的饮食习惯，给予其多种食物，使其接触各种味道，以免其因挑食、偏食而不能获得全面均衡的营养。

(二) 作息

在睡眠时间方面，通常夜间睡10～11小时，午睡1～1.5小时。按时上床，安静入睡，醒后不影响别人，养成良好的睡眠习惯。

(三) 行为

在进食方面，喜欢自己吃饭，用自己固定的碗和勺，并坐在固定的座位上。开始尝试用筷子，能正确使用汤匙吃完自己的一份饭菜，愿意吃各种食物，自主地用杯喝水（奶）。

孩子在此年龄段，他（她）的膀胱也开始能够储存小便，小便间隔达到2～3小时，这是可以脱下尿不湿的讯号。2岁半～3岁是膀胱发育的高峰期，但存在个体差异。

养成刷牙的习惯 固化孩子刷牙流程，养成其饭后、睡前刷牙的习惯。

喜欢模仿成人的行为 孩子学习自己穿脱衣裤和鞋袜，学习扣衣扣和自己洗手擦脸。会自己整理玩具，开始知道物归原处。有初步的环境适应能力和自我安全保护意识。

（四）安全防护

预防摔伤、高空坠落 提醒孩子不能爬窗户以及阳台。在窗边和阳台上尽量不要放可让孩子攀爬的桌椅，避免孩子攀爬到窗户或阳台而导致坠落。避免让孩子自己独自在家，即便是孩子睡着时，看护人员也不可以离开家，以防孩子找不到看护人员而爬到危险区域。提醒孩子在没有大人看护的同时，不能独自爬凳子或桌子去够放在高处的物品，以防高处物品掉落砸伤，同时也防止孩子从凳子或桌子上摔下来。

预防窒息 有选择性地陪同孩子玩玩具。如玩磁力球和小颗粒状的玩具时需家长在旁边看护，避免孩子吞食。

预防烧、烫伤 避免孩子进入厨房，触碰燃气灶、热水瓶等危险物品。把火柴、打火机、烟灰缸放在孩子拿不到的地方。不要让孩子靠近散热器和取暖器。教育孩子熨斗、卷发棒、烧烤炉和烤箱这些物品温度会变得非常高，触摸或在它们周围玩耍都是很危险的。

预防触电 把所有不用的电源插座插上防护塞。避免把水洒到电器上。

三、亲子交流要点

外部秩序感逐渐形成　　这一阶段的孩子有强烈的追求外在事物秩序化的欲望。例如听到门铃响了，孩子要求自己开门，如果家长去开门了，就会大哭大闹，强烈要求关门然后自己再去开门。家长需了解孩子秩序敏感期的特殊心理和行为，给予较好的关注，培养其秩序感的形成。

引导孩子初步的思考　　这个年纪的孩子喜欢问"为什么"，这是他（她）在了解世界，把世界像一块块拼图一样组装印入自己脑海。孩子现在也可以遵照简单的指示，在一定程度上进行思考，并自行找到大部分问题的答案。

规范孩子的语言　　语言发展非常迅速，一天可以掌握6～10个新词！如果孩子用了一些不好的字眼，家长可以轻松地向他（她）解释说在家里不要说这样的话，之后就忽略它们。只要你不注意他（她）说的这些话，这些字眼很快就会失去影响力，然后消失不见。

提供与其他孩子的社交经历　　为孩子安排一些外出的社交经历，比如到游乐场与其他孩子玩耍和交流。让孩子和其他小朋友交往，学习团体活动中需要的基本社会技巧，以及和其他人互动的能力，以帮助适应幼儿园的生活。

引导孩子玩一些益智类游戏　　摆弄积木、珠子、纸、橡皮泥等玩具，提高孩子手指的灵活性和手眼协调性。提供常见的动植物、简单的数字等的画册，帮助孩子指认颜色、形状。帮助孩子感知时间（昼夜）和空间（上下、内外）等的不同。

附件

附件一：3岁以下婴幼儿生长发育参考标准

中国0～3岁男童身长、体重百分位曲线图

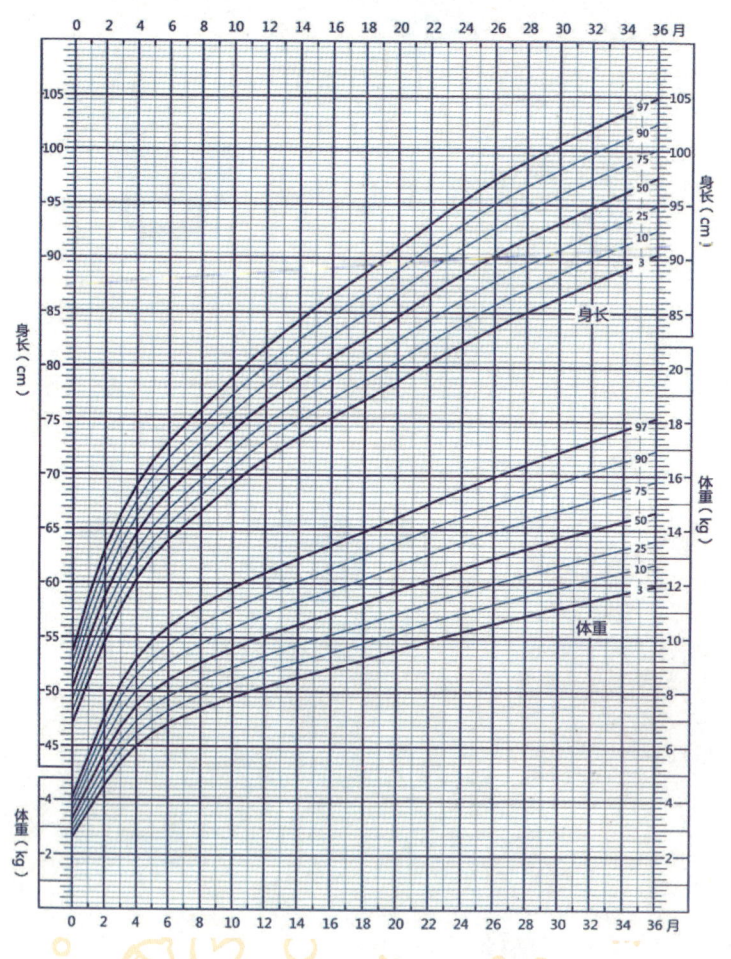

中国0～3岁女童身长、体重百分位曲线图

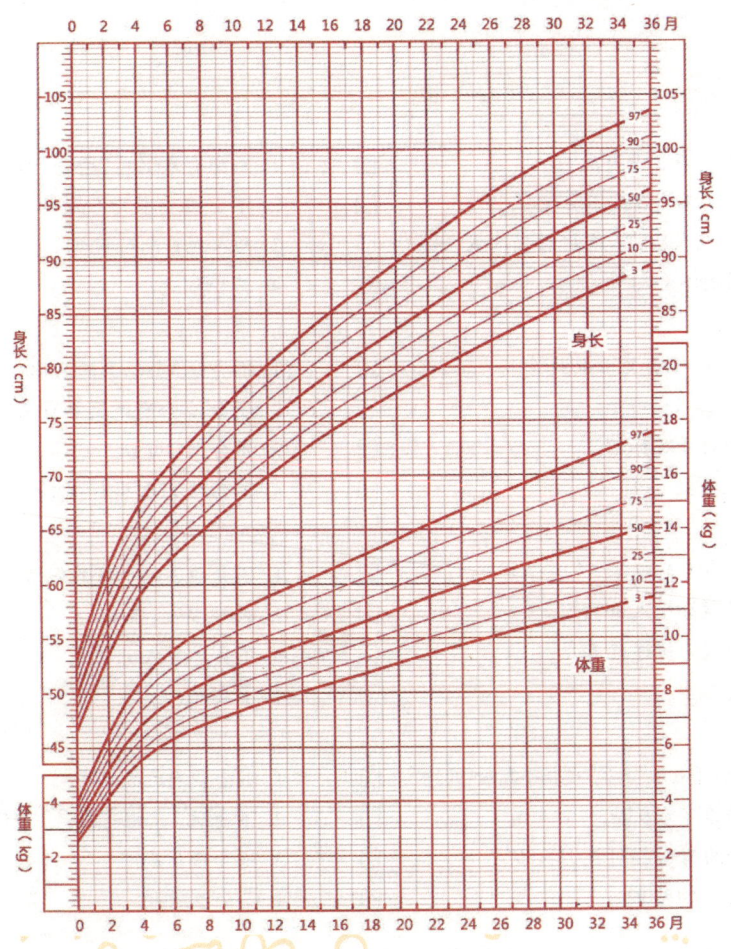

注：根据2005年九市儿童体格发育调查数据研究制定。参考《中华儿科杂志》2009年3期，首都儿科研究所生长发育研究室制作。

附件二：3岁以下婴幼儿心理行为发育问题预警征象

年龄	预警征象		年龄	预警征象	
3月龄	1. 对很大声音没有反应	☐	18月龄	1. 不会有意识叫"爸爸"或"妈妈"	☐
	2. 逗引时不发音或不会笑	☐		2. 不会按要求指人或物	☐
	3. 不注视人脸，不追视移动人或物品	☐		3. 与人无目光对视	☐
	4. 俯卧时不会抬头	☐		4. 不会独走	☐
6月龄	1. 发音少，不会笑出声	☐	2岁	1. 不会说3个物品的名称	☐
	2. 紧握拳不松开	☐		2. 不会按吩咐做简单事情	☐
	3. 不会伸手及抓物	☐		3. 不会用勺吃饭	☐
	4. 不能扶坐	☐		4. 不会扶栏上楼梯/台阶	☐
8月龄	1. 听到声音无应答	☐	2岁半	1. 不会说2~3个字的短语	☐
	2. 不会区分生人和熟人	☐		2. 兴趣单一、刻板	☐
	3. 不会双手传递玩具	☐		3. 不会示意大小便	☐
	4. 不会独坐	☐		4. 不会跑	☐
12月龄	1. 不会挥手表示"再见"或拍手表示"欢迎"	☐	3岁	1. 不会说自己的名字	☐
	2. 呼唤名字无反应	☐		2. 不会玩"拿棍当马骑"等假游戏	☐
	3. 不会用拇食指对捏小物品	☐		3. 不会模仿画圈	☐
	4. 不会扶物站立	☐		4. 不会双脚跳	☐

资料来源：国家卫生计生委妇幼健康服务司　中国疾病预防控制中妇幼保健中心

附件三：浙江省第一类疫苗（国家免疫规划疫苗）

儿童免疫程序表

疫苗名称	接种年（月）龄													
	出生时	1月	2月	3月	4月	5月	6月	8月	9月	18月	2岁	3岁	4岁	6岁
重组乙型肝炎疫苗	第1剂	第2剂					第3剂							
卡介苗	1剂													
脊髓灰质炎灭活疫苗			1剂											
脊髓灰质炎减毒活疫苗				第1剂	第2剂								第3剂	
无细胞百日咳白喉破伤风联合疫苗				第1剂	第2剂	第3剂				第4剂				
白喉破伤风联合疫苗														1剂
麻疹风疹联合疫苗							1剂							
麻疹腮腺炎风疹联合疫苗										1剂				
乙型脑炎减毒活疫苗								第1剂		第2剂				
A群脑膜炎球菌多糖疫苗							第1剂		第2剂					
A群C群脑膜炎球菌多糖疫苗												第1剂		第2剂
甲型肝炎减毒活疫苗										1剂				

参考文献：

1．陈荣华，赵正言等．儿童保健学［M］．江苏凤凰科学技术出版社有限公司，2017．

2．五十岚隆．新手爸妈的育儿大百科3：育儿大宝典［M］．台湾：枫书坊，2016．

3．高振敏．0–1岁宝宝生长发育监测全书［M］．广州：广东科技出版社，2015．

4．高振敏．1–3岁宝宝生长发育监测全书［M］．广州：广东科技出版社，2015．

5．斯蒂文·谢尔弗，谢莉·瓦齐里·弗莱．美国儿科学会健康育儿指南［M］．北京：北京科学技术出版社，2017．

6．北京三维文化教育研究中心．三维养育全书·婴幼儿养护［M］．北京：北京日报出版社，2000．

7．卫生部妇幼保健与社区卫生司．中国7岁以下儿童生长发育参照标准［S］．2009．

中国计生协婴幼儿照护服务示范创建区项目

ISBN 978-7-5565-1352-9

9 787556 513529 >

定价：39.80元